云计算安全风险度量评估与管理

姜 茸 杨 明 马自飞 廖伊婕 著

科学出版社
北 京

内 容 简 介

本书从隐私风险、技术风险、商业及运营管理风险三个维度建立了云计算安全风险属性模型，在此基础上用信息熵、马尔可夫链、模糊集、支持向量机等理论和方法建立了云计算安全风险度量与评估模型，并通过若干案例研究验证了模型的可行性，最后给出了云计算安全风险管理对策和建议。

本书可供信息管理、计算机、管理学等专业的博士和硕士研究生学习，也可供云计算安全管理相关领域的科研人员参考。

图书在版编目(CIP)数据

云计算安全风险度量评估与管理/姜茸等著. —北京：科学出版社，2016.11

ISBN 978-7-03-050445-6

Ⅰ.①云… Ⅱ.①姜… Ⅲ.①计算机网络-安全风险-评估②计算机网络-安全管理 Ⅳ.①TP393.08

中国版本图书馆CIP数据核字（2016）第264468号

责任编辑：李 敏 杨逢渤／责任校对：钟 洋

责任印制：徐晓晨／封面设计：无极书装

科 学 出 版 社出版

北京东黄城根北街16号

邮政编码：100717

http://www.sciencep.com

北京建宏印刷有限公司 印刷

科学出版社发行 各地新华书店经销

*

2016年11月第 一 版 开本：720×1000 B5

2018年 1 月第三次印刷 印张：9 1/2

字数：200 000

定价：78.00元

（如有印装质量问题，我社负责调换）

作者简介

姜　茸， 男，1978 年 2 月生，理学（信息管理领域）博士，云南省中青年学术和技术带头人后备人才，云南省优秀教师，云南财经大学教授，硕士生导师。

中国计算机学会（CCF）高级会员、CCF 服务计算专业委员会委员、CCF 形式化方法专业委员会委员、CCF 会员代表、云南省系统工程学会理事。国家自然科学基金项目评审专家、云南省科技项目评审专家、云南省应用基础研究计划项目评审专家、云南省教育科学规划项目评审专家、昆明市科技项目评审专家。

近年，主持国家自然科学基金项目 2 项，国家社会科学基金项目、中国博士后科学基金面上项目、教育部人文社会科学研究青年基金项目、云南省应用基础研究面上项目、云南省哲学社会科学规划项目各 1 项；撰写学术专著 1 部，于中国社会科学院的经济管理出版社出版；主编"十一五"、"十二五"规划教材 3 部，于科学出版社出版；在 *Journal of Information Science and Engineering*、*Entropy* 等期刊独撰或以第一作者身份发表论文 20 余篇，其中，SCI 收录 4 篇，EI 收录 7 篇，CSSCI 期刊 5 篇，中文核心期刊若干；第一发明人专利 3 项，第一完成人计算机软件著作权 4 项；获"昆明市科学技术进步奖""红云园丁奖""优秀教师""科学研究成果奖""教学成果奖""优秀班主任""讲课比赛第一名"等各种奖励 30 余项。

杨　明， 男，1987 年 3 月生，理学（信息管理领域）博士，云南财经大学讲师。

主持云南省应用基础研究青年项目 1 项，云南省软件工程重点实验室开放基金项目 1 项，任项目副组长承担完成云南省哲学社会科学规划项目 1 项，参与完成国家级项目 2 项，云南省应用基础研究面上项目 1 项；发表论文 8 篇，其中 EI 收录 1 篇，CSSCI 期刊 2 篇，ISTP 检索 1 篇，中文核心期刊 2 篇，科技核心期刊 2 篇，获得"昆明市科学技术进步奖"1 项。

马自飞，男，1990 年 3 月生，理学（信息管理领域）博士，云南大学博士研究生。

在读期间，主持云南省教育厅科学研究基金项目、第七届云南大学研究生科研创新项目各 1 项，参与国家自然科学基金项目、国家社会科学基金项目、教育部人文社会科学研究青年基金项目；发表论文 3 篇，其中，CSSCI 期刊 2 篇，中文核心期刊 1 篇；获“优秀团员”“优秀党员”“优秀学生干部”“优秀毕业生”“省政府奖学金”等各种奖励。

廖伊婕，女，1976 年 6 月生，历史学（唐宋经济史领域）博士，经济师，云南开放大学资产管理与评价处副处长。

曾在中国人文社会科学核心期刊《思想战线》发表过论文“基于人口发展预测的我国生育政策调整方案研究”、“试论中国古代近海市场”。

前　　言

云计算是近年来全球信息产业界、学术界、政府等各界最热门、最关注的新技术之一，是新一代信息技术变革的核心，它代表 IT 领域向集约化、规模化与专业化道路发展的趋势，是 IT 行业不可阻挡的发展大趋势。世界各强国都把云计算作为未来战略产业的重点，云计算是国家战略需要。

云计算环境中，用户甚至不需投资基础设施就可获得强大的计算能力，只要向云服务商提出请求和交纳低廉的费用即可。它使得用户从基础设施投资、管理与维护的沉重压力中解放出来，可以更专注于自身核心业务发展。

然而，安全风险已成为云计算发展的一大障碍。著名机构 Gartner、IDC、Unisys 分别对全球安全风险作调查。Gartner 调查显示：70% 以上受访首席技术官（CTO）认为近期不采用云计算的首要原因是安全风险问题；IDC 调查显示：75% 的受访者一致认为安全风险是云计算发展的最大挑战，是其最关心的问题；Unisys 调查显示：72% 的受访者认为阻碍云计算的首要原因是安全风险问题。日本调查显示，用户采用云计算的最大顾虑是安全风险问题。Forrester Research 调查显示，90% 以上德国和法国 CIO 声称，安全风险性保障是他们采用云计算的前提。

安全风险问题严重阻碍云计算的发展，其根源在于云计算的特点、云计算安全技术和风险管理理论的不够完善。因此，要大规模应用云计算技术与平台，发展更多用户，推进云计算产业发展，就必须开展云计算安全风险理论研究，度量和评估该风险刻不容缓。但是，目前这方面理论研究极为匮乏！

鉴于此，本书探索用信息熵、马尔可夫链、模糊集、支持向量机等理论和方法度量和评估云计算安全风险。

第 1 章介绍了本书研究的背景、意义、主要内容及创新成果、本书组织及各章概要。第 2 章阐述了本书相关研究的基础理论，并对本书研究内容的国内外研究现状进行了综述。第 3 章将云计算安全分为隐私风险、技术风险、商业及运营管理风险三个维度，建立了云计算安全风险属性模型。第 4 章结合信息熵原理和马尔可夫链针对云计算风险的大小展开了深入的研究和探讨，提出了云计算安全风险度量模型。第 5 章基于信息熵和模糊集理论，建立了云计算安全风险评估模型。第 6 章结合信息熵和马尔可夫链方法围绕风险的损失影响、威胁频率和不确定性程度针对云计算安全风险进行了详细的量化评估，建立了风险评估模型。第 7 章提出了基于信息熵和支持向量机的云计算安全风险分类和评估的方法，为风险评估提供了新的思路。第 8 章基于前面章节，围绕云计算安全在用户隐私保护、技术规范、法规约束、管理制度等多方面，提出了若干管理对策和建议。第 9 章回顾、总结本书所做工作，并对未来进行展望。

作者的研究得到国家自然科学基金项目（No. 61263022、61303234）、国家社会科学基金项目（No. 12XTQ012）的支持，本书得到云南财经大学博士学术基金全额资助出版，在此表示谢意！

本书的出版得到伏润民教授、费宇教授、赵丽珍老师的支持，该研究得到廖鸿志教授、李彤教授、夏幼明教授等专家的指导与帮助，项目研究过程中张秋瑾女士做了部分工作，在此一并表示感谢！

由于作者水平和时间有限，书中不当之处敬请读者批评指正。

著　者

2016 年 7 月于云南财经大学

目　　录

第 1 章　绪　　论

20 世纪 60 年代云计算的思想早已萌生，John McCarthy 作为云计算的先驱，曾预示在未来计算机能力也能够像水、电、煤气等商品一样，以一种按需服务的模式被人们所公共取用和购买。如今，随着传统数据采集和存储方式的转变，过去无法实现的海量数据存储在今天已经成为了可能。在此基础上，为了应对当前计算量越来越庞大、数据结构越来越复杂、实时变化越来越快的用户业务需求，云计算以一种崭新的姿态出现在大众眼前，它改变了大众对于互联网业务的认识，凭借其强大的计算能力和高效低廉的便捷服务特点受到各行各业的青睐。随着国内外云计算研究的深入和互联网知识的普及，越来越多全新的服务和应用模式正逐渐显现，为当前的政府、企业或个人业务需求的处理带来了极大的方便。

云计算是网格计算、并行计算、虚拟化等技术进一步发展而来的产物，是时代发展的需求，也是时代所赋予我们的机遇和挑战。目前，云计算正向着更贴近用户需求、更多样化、更便捷的服务方向发展，被众多学者认为是又一次重大的技术产业革命，势必会对未来信息化产业的发展带来长远的影响。云计算的市场潜力巨大，对传统产业的转型升级和新兴企业的成长具有重大的意义，全世界许多国家都对其发展寄予厚望，将云计算列为国家产业发展的战略重点。

然而，作为一种基于互联网的新兴产业模式，云计算的发展仍处于起步阶段。它是由传统技术发展和融合的产物，虽然在技术支撑上其并不缺乏，但是在多技术运用的过程中却难免会产生技术上的疏漏。另外，许多企业对于云计算的实施和应用都处于尝试的阶段，未能妥善地做好风险的预防和控制措施，在面对突发的风险时，由于自身经验的不足通常会显得措手不及，从而造成不必要的经济损失。可见，虽然云计算能够为用户提供强大的计算能力，但是云计算多租户、资源共享、跨区域分布等特点也为用户的隐私安全带来了隐患。近年来不乏用户信息被盗、数据丢失、数据泄露的相关消息被报道，一时间用户的隐私安全成为了云用户最为关心的问题。除了用户隐私的保护外，在执行云计算服务的过程中，管理和技术的支撑也必不可少，突发的网络攻击、负载过重、自然灾害等都会导致服务的中断，给风险的维护造成困难，形成经济损失。更进一步，即使不考虑风险的管理与技术因素，服务商所采取的运营方式和所处的环境对当前云计算安全也是重大的威胁。已知在当前服务双方的关系中，用户只能够凭借自身的认识和经验去判断某服务商所能够提供的服务及其安全性，在使用过程中也只具有部分管理和控制权限。服务商则具有较大的管理和控制权限，服务双方的这种不平衡势必为用户的隐私安全埋下隐患。一旦风险发生，双方都将受到直接的危害，此时对于风险的责任应该如何判定，赔偿应该如何执行，当前的相关法律法规都没有明确说明。法规的缺失导致了风险纠纷处理的困难，同时也为犯罪分子带来了可乘之机，威胁着整个云计算服务的安全。综上所述，云计算虽然有较好的发展前景，是未来经济发展的重要支点，但当前云计算技术运用的不规范、管理方案的落后、运营经验的不足、服务双方的不理解、法规的不完善、监督部门的缺失等原因却成为了制约当前云计算推广和发展的关键。

要彻底解决以上问题，加快当前云计算发展的脚步，就需要深入地对当前云计算风险环境进行全面剖析。但是传统的风险研究理论却并不能很好地适用于云计算风险环境的描述和研究，而目前对于云计算安全风险的研究又较为笼统和匮乏，大部分都是经验型的定性分析，未能通过数据的对比解释和说明各风险的特征及其相互关联。即使有定量的分析，也只是集中于以上诸多问题中的一个问题，并且在量化分析的过程中存在较大的人为主观因素影响，导致研究结果与真实数据之间存在差异，不能够准确反映和说明当前云计算所处的风险环境。为此，本书拟在现有相关风险理论和云计算研究的基础上，结合系统科学理论、系统工程的实践方法、信息论以及相关的数学计算方法综合地对云计算安全进行探讨和研究，克服以往研究过程中所存在的问题，围绕当前云计算发展过程中所遇到的问题通过调查研究进行风险因素的梳理和分析，并在此基础上建立云计算安全风险的度量与评估模型，最终为风险的管理和决策提供合理、可靠的实施方案。

1.1 研究意义

(1) 云计算是国家战略需要

云计算是近年来全球信息产业界、学术界、政府等各界最热门、最关注的新技术之一，是新一代信息技术变革的核心，它代表IT领域向集约化、规模化与专业化道路发展的趋势，是IT行业不可阻挡的发展大趋势。我国“十二五”“十三五”规划纲要都将云计算列为重点发展的战略性新兴产业，规划纲要指出，应在未来鼓励企业间的相互合作、通过资源集中努力打造云计算产业链，推动市场经济的发展。以云计算为驱动力的绿色低碳和公共效用IT已受到世界各国政府的极大关注和重视（冯登国等，2011），世界各强国都把云计算作为未来战略产业的重点，国家支持云计算关键技术研发和重大项目建设，云计算是国家战略需要。

(2) 对于用户云计算成本低、能力强、使用便捷、管理轻松

云计算环境中，用户不需投资基础设施就可获得强大的计算能力（Ward and Sipior，2010），只要向服务商提出请求和交纳低廉的费用即可。它使得用户从基础设施投资、管理与维护的沉重压力中解放出来，可以更专注于自身核心业务发展（冯登国等，2011）。

(3) 云计算市场潜力巨大

IDC调查显示，未来5年云计算服务市场将增长3倍（Ward and Sipior，2010）。2012年权威机构Gartner预测，未来世界云计算总收入并以每年约30%的速度增长，是传统IT行业增长速度的6倍，在2015年将突破2400亿美元（Wyld，2010）。计世资讯（CCW Research）的数据表示，2012年我国云计算市场规模达到181.6亿元，2013年达到266.2亿元，在2014年已经到达383.6亿元，每年同比增长高达40%以上。云计算市场范围广阔，市场潜力巨大，IDC表示云服务市场正进入一个“创新阶段”，将会有越来越多的全新的云服务形式出现，其涉及的领域和范围也将越来越广。

(4) 安全风险是云计算发展的最大障碍

云计算有很好的前景和优势，但是，目前用户对其接受程度很低，更多人抱以观望态度，它在应用推广上遇到巨大困难，安全风险问题是云计算发展的最大障碍（Morrell and Chandrashekar，2011；Sun，2011）。著名机构Gartner、IDC、Unisys分别对全球作调查（Ahmad，2010），Gartner调查显示：70%以上受访CTO认为近期不采用云计算的首要原因是安全风险问题（Ahmad，2010）；IDC

调查显示：75%的受访者一致认为安全风险是云计算发展的最大挑战，是其最关心的问题（Ahmad，2010）；Unisys调查显示：72%的人认为阻碍云计算的首要原因是安全风险问题。日本调查显示（Tanimoto et al.，2011），用户采用云计算的最大顾虑是安全风险问题。Forrester Research调查显示，90%以上德国和法国CIO声称，安全风险性保障是他们采用云计算的前提。

可见，安全风险问题已经成为云计算发展的桎梏，是很多人不愿意采用云计算服务的首要原因（Subashini and kavitha，2011）。

(5) 结论

安全风险问题严重阻碍云计算的发展，其根源在于云计算的特点和云计算环境下的安全风险管理决策理论匮乏（Grobauer et al.，2010）。因此，要大规模应用云计算技术与平台，发展更多用户，推进云计算产业发展，就必须开展云计算环境下的安全风险理论研究，度量和评估该风险刻不容缓（Sangroya and et al.，2010）。

但是，目前这方面理论研究极为匮乏（Grobauer et al.，2010）。本书的研究不但可以缓解云计算风险理论研究极为匮乏的局面，而且可供政府、企业和用户应用或参考，从而推动云计算的推广普及。因此，本书的研究具有较大的理论和实际意义。

1.2 主要研究内容

风险的度量与评估是当前云计算风险研究的重点，也是云计算普及、发展和延伸的客观需求，通过风险的度量与评估将能够为风险的识别、风险的分析、风险的管理控制以及风险的应对提供科学的依据，从而提升云计算服务本身的质量，打造能够支持云计算服务长期稳定运作的安全风险环境。对此，本书拟在"有限目标、重点突出"的思想指导下，系统深入地研究云计算环境下的安全风险度量与评估模型。然而，要建立此模型，首先需要根据云计算安全风险的特点，展开详细的风险因素研究，通过对这些风险因素的梳理为风险的度量和评估奠定基础，最终根据风险的度量与评估结果解释当前云计算的风险环境，针对所存在的关键问题提出合理的管理对策及建议。总的来说，本书的主要研究内容包括以下方面。

(1) 风险因素的梳理研究

a. 云环境下隐私风险因素

隐私安全一直是用户在考虑选择某云计算服务时最为关心的首要因素。云计算复杂的风险环境决定了其隐私安全必然会受到诸多因素的影响。本书将围绕用户的隐私安全，从不同的角度探讨在云计算服务和应用过程中可能对用户隐私形成威胁的风险因素，包括用户隐私数据的窃取、泄露、公开和丢失等风险问题。

b. 云环境下技术风险因素

技术因素是支撑云计算应用安全的关键，也是实现云计算长远发展的关键。采用哪些技术能够降低风险？不采用某种技术将会存在何种风险隐患？当前的技术支持存在哪些弊端？围绕这些问题本书将通过调查研究和实例分析的方法凝练云计算环境下技术风险的主要因素。

c. 云环境下运营管理风险因素

云计算作为一种新兴的商业模式，在管理制定和运营规范上显得较为落后。云计算商的经验不足，对于云计算服务的实施和管理都处于摸索阶段，面临运营管理中突发的风险将难以应对；另外，目前法律法规的不完善，也为云计算的安全带来了隐患。这就导致当前云计算系统在实际的运营管理过程中存在诸多的风险可能，对此本书将整理和列举这些有关风险因素，为后续的风险度量和评估做支撑。

(2) 云计算安全风险属性模型

要研究云计算安全，首先需要解决的就是进行风险的识别，并梳理它们之间复杂的关系，建立系统的研究体系。对此本书站在用户和服务商双方的角度，围绕云计算安全用户隐私安全、系统运行技术支撑以及商业环境威胁等安全问题展开了详细的探讨，凝练了云计算环境下数据隐私、技术支撑、商业及运营管理等三个维度的若干风险因素，并在此基础上结合系统科学理论的研究方法，根据它们之间的交叉关系建立后续用于度量和评估的云计算安全风险属性模型。

(3) 云计算安全风险度量模型

风险的度量是本书研究的核心内容之一，风险度量的任务就是量化风险的大小（整体、局部或单个风险因素）。鉴于风险是一个抽象的概念，要对其进行度量势必会存在人为主观的界定，如何有效降低风险度量过程中人为主观偏差的影响，是本书风险度量所需要解决的关键问题。对此，本书将在所建立安全风险属性模型的基础上，结合传统风险理论和信息熵计算方法，从不同层次、不同角度综合地对云计算风险大小进行度量，从而建立云计算安全风险度量模型，将该模型代入具体安全中进行案例分析，并从理论上对所提出模型的科学性和合理性进行论证。

(4) 云计算安全风险评估模型

风险的度量解决了抽象风险量化分析的问题，而风险的评估则是在此基础上对云计算风险环境进行评价和分析的研究。本书所采取的风险评估是一种定性定量相结合的方法，通过风险的评估能够定量描述当前云计算环境的安全性程度，为用户提供一个可供参考比较的评估结果，同时也能够为云计算运营商风险的管理和控制提供最直接有效的科学依据。

(5) 云计算安全风险管理对策及建议

最终，在经过风险的度量和评估以后，本书将针对当前云计算服务过程中所存在的主要问题，结合未来云计算发展的客观需求，围绕法律法规的制定、技术运用的规范、用户隐私的保护及管理制度的完善等方面提出若干合理的管理对策及建议，从而规范当前云计算市场，酿造安全的云计算服务环境，加速当前云计算技术的发展和应用推广。

1.3 主要创新成果

本书围绕云计算安全展开了深入的研究，所取得的主要创新成果包括以下方面：

1）通过风险的梳理，从隐私保护、技术支撑和运营管理三个维度列举和说明了可能存在的若干风险因素，并在此基础上考虑各风险因素之间的关联，建立云计算安全风险属性模型，实现对云计算风险环境系统全面的描述。

2）本书采用信息熵的计算方法，有效地降低了在对风险大小进行评估界定时人为主观偏差较大的影响，所得风险度量结果较为客观，缩小了度量结果与真实数据之间的差异。

3）相对以往的研究，本书所提出的风险度量模型，引入了对风险多种随机可能状态变化的描述和考虑（即各风险同时发生或单独发生不确定性的考虑），并结合马尔可夫链原理计算风险发生的稳态概率，克服了以往对于云计算安全风险之间不确定性研究不足的缺点。

4）采用定性定量相结合的方法，针对不同的问题提出了多种云计算安全风险的评估研究方法，实现了对云计算安全的多层次、多角度评估，做到了具体问题，具体分析。

1.4　本书组织结构

本书整体的研究思路如图1-1所示。

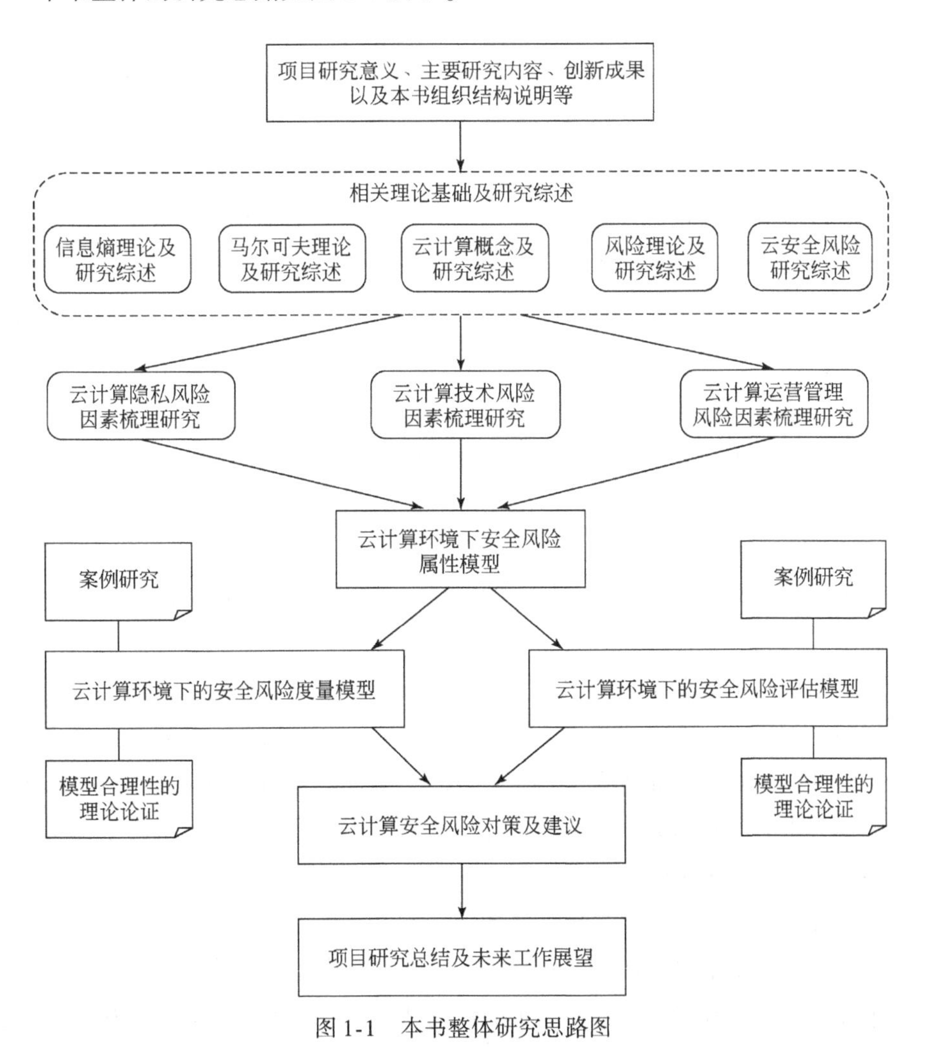

图1-1　本书整体研究思路图

按照项目的研究思路，本书共9章，各章的具体内容编排如下：

第1章，绪论：介绍了本书研究的背景和意义、主要研究内容，论述了本书的主要创新成果，最后介绍了本书的组织结构安排和各章主要内容。

第2章，相关理论概念与研究综述：本章阐述了本书相关研究的基础理论，并对国内外当前研究现状进行了综述。主要包括：信息熵原理、马尔可夫原理、云计算概念、风险理论及云计算安全风险研究的相关基础理论介绍和研究综述，探讨了本书研究工作中所需要解决的问题，最后结合本书研究的特点，论述了这些相关基础理论对本书研究工作的意义，指出了本书后续研究工作的方向。

第3章，云计算安全风险属性模型：本章将围绕用户隐私保护、系统技术支撑和服务运营管理，将云计算安全分为隐私风险、技术风险、商业及运营管理风险三个维度，并通过对当前云计算理论和应用状况的调查、研究和分析，结合现有的风险理论，提出了若干风险因素，并将这些风险因素进行梳理，建立了云计算安全风险属性模型。

第4章，基于信息熵和马尔可夫链的云计算安全风险度量：本章在所建立的云计算安全风险属性模型基础上，围绕各风险因素特点和相互关联，结合信息熵原理和马尔可夫链针对云计算风险的大小展开了深入的研究和探讨，提出了云计算安全风险度量模型，最终将模型代入具体的案例中进行实证分析，并从理论上对模型的科学性和合理性进行了论证。

第5章，基于信息熵和模糊集的云计算安全风险评估：本章基于模糊集理论，围绕云计算安全风险因素的损失影响和威胁频率，建立了用于评估的风险因素集、评价集和隶属度矩阵，并结合熵权理论针对各风险因素进行了权重赋值，最终通过计算定义了云计算安全风险的等级，为云计算安全的风险评估提供了有效的方法。

第6章，基于信息熵和马尔可夫链的云计算安全风险评估：本章根据用户所关心的问题，将云计算安全分为数据安全、网络安全、物理环境安全、管理控制安全、软件应用安全和商业安全等六个方面，结合信息熵和马尔可夫链方法围绕风险的损失影响、威胁频率和不确定性程度针对云计算安全风险进行了详细的量化评估，最终建立了风险的评估模型，并对该模型的科学合理性进行了论证，实现了对云计算安全多层次、多角度的评估。

第7章，基于信息熵和支持向量机的云计算安全风险评估：本章以云计算安全技术风险为例，针对样本数据较少的特殊情况，提出了基于信息熵和支持向量机的云计算安全风险分类和评估的方法，并验证了该方法的科学合理性，为风险的评估研究提出了新的思路。

第8章，云计算风险管理对策和建议：本章在之前风险度量和风险评估的研究结果基础上，根据当前云计算发展的现状，围绕云计算安全在用户隐私保护、技术规范、法规约束、管理制度等多方面的需求提出了若干管理对策和建议，并说明了在实施过程中各角色和部门所需要完成的工作和决策需求，为推动当前云计算的发展提供了可行合理的方案。

第9章，结论与展望：本章是本书的结束部分，针对本书所做的工作进行了回顾和总结，点明了本书研究的特点，同时也指出了本书研究未能考虑到的方面，提出了未来的研究思路和主要工作，对全书的研究内容进行展望。

第2章　相关理论概念及研究综述

2.1　信　息　熵

信息作为一种特殊的属性，它与物质和能量共同构成了当前我们所认识的客观世界。然而，信息不同于传统自然科学研究中的一般对象，它没有具体的表现形式和特征，是一个难以被描述的抽象概念。直到现代信息论兴起，才第一次赋予了它数学的含义。

香农将信息定义为通信传输过程中两次不确定性之差，认为信息是人们在认知过程中对未知事物不确定性消除多少的度量（Shannon，1948）。当一个总体的不确定性程度（复杂程度）越高时，它所包含的信息量就越大。据此，香农将热力学中熵的概念应用到了信息的描述过程中，用于衡量一个事物或总体所包含信息量的大小，从而提出了信息熵的概念及其计算方法。如下所示，假设一个总体共包含 n 个随机变量 X_i，$i = 1, 2, \cdots, n$，其中每个变量 X_i 发生的概率为 $P(X_i)$，$i = 1, 2, \cdots, n$，$\sum_{i=1}^{n} P(X_i) = 1$，则该事物或总体的信息熵计算公式为

$$H(X) = -\sum_{i=1}^{n} P(X_i) \log_2 P(X_i)$$

式中，$H(X)$ 为信息熵，bit。它描述了该事物或总体内部所包含信息的复杂程度，熵值越大则说明该事物或总体所具有的不确定性程度越高，人们在认识该事物时所能够获得的信息量就越大。然而，在实际过程中人们不可能完全的消除对一个未知事物或总体的不确定性，也就意味着无法获知所有的信息，尤其是在面对复杂的对象时，其中所包含的不确定信息越高，通过研究所能获得的有价值信息就越多。因此，信息熵的概念才得到了广泛的应用，它能够描述实际生活中一个系统或结构的不确定性程度，解决了当前信息时代对事物不确定性难以度量的问题。相对于广义上信息熵的概念，当信息熵被运用到不同的领域时，根据具体的

应用需求其熵值将具有不同的含义。

在生物研究领域，量子学创始人薛定谔（Erwin，1944；熊宝库，2004）在《生命是什么》一书中指出，生命物质自身的有序性比无生命物质高得多，生命也有其热力学基础，但不能使用经典力学定律来解决，因为有机体是处于一个开放的、非平衡状态的系统，即生命体吸取负熵，去抵消它在活动中产生的熵增加，从而使自身稳定在低熵的水平，该思想也为熵在生物领域的应用和生物学的发展奠定了基础。相应的研究主要有：田志勇等（2009）结合信息熵理论，针对能源消费结构的演变进行了描述和分析；覃正和姚公安（2006）针对供应链网络结构，基于信息熵理论建立了描述供应链系统稳定性的数学模型；贾燕（2003）、楚杨杰（2005）、徐良培（2010）、霍红（2005）与徐鑫（2005）等分别将信息熵理论运用到了供应链的研究当中，针对供应链的管理模式及其信息传递过程中的不确定性进行了详细的研究。这些文献极大地拓展了信息熵的研究领域，解决了诸多领域在面对复杂系统时难以描述的困难。

除了将信息熵用于描述事物内部组织结构及不确定性程度的研究外，国内外学者也逐渐开始将信息熵用于事物的综合评价过程当中。根据信息熵的基本原理，在对一个包含多个指标的复杂系统进行具体研究时，某指标对表达该系统结构所能够提供的信息量越大，则说明该指标对于系统结构变化的重要性越高，依据此原理香农又进一步提出了熵权（entropy weight）的概念（Shannon，1948）。Hsu 和 Lin（2007）就在信息熵基础上，利用熵权的赋值方法针对商品潜在的消费者价值进行了评估，从而根据熵权的大小有效地判断商品潜在的消费者价值；Wu 和 Zhang（2011）根据相关决策的需求，根据熵权法提出了一种基于直觉的模糊权重判断方法；Sohn 和 Seong（2004）结合熵原理，提出了对软件故障进行分析和对软件安全可测试性进行评估的量化分析方法；谢霖铨和杨莹（2011）将信息熵引入到了工程领域多目标的风险评估研究当中，针对风险的控制和预测展开了定量的研究分析；周薇以大学综合素质评估为背景，将熵权作为客观权重，并结合主观权重提出了一种主客观相结合的综合评价方法。以上文献的研究拓展了信息熵在综合评价过程中的具体应用。

此外，随着最大熵（Jaynes，1957）原理的提出，信息熵原理也被广泛应用到数据挖掘、图像处理和模式识别的研究当中。例如，Imed Zitouni 基于最大熵模型，提出了一种能够根据文档将阿拉伯语音符号进行恢复的方法；Lin He 等将最大熵原理运用到了光谱图像异常检测的方法研究当中。在数据挖掘方面，为了提升算法的质量，减小冗余信息，国内外学者也提出了许多基于信息熵进行改进的方法。例如，Chung-Chian Hsu 等所提出的基于方差和熵的聚类算法；Ahmet Ozmen 基于熵对决策树进行约束的方法；Ge Li 所提出的基于信息熵的浏览构件的序列检索方法；舒红平等提出的基于信息熵的决策属性分类挖掘算法。这些相应的研究都为数据挖掘和信息熵的发展做出了重要贡献。

如上所述，国内外对于信息熵的研究为当前信息熵的应用和推广奠定了重要的基础，他们从不同领域探索了信息熵的研究方向，并针对具体的问题和应用需求，结合信息熵理论和具体学科知识提出了许多新的概念和应用，给予了本书重大的启发，对于本书研究的开展具有重要的参考价值和意义。

2.2　马尔可夫链

马尔可夫链（Markov chain）理论对随机过程的研究具有重要的作用，它是一个典型的随机过程，由俄国数学家马尔可夫于 1906 年提出，在现实生活中很多过程可以看做是随机的马尔可夫过程，如人口的变化过程、天气的变化过程、风险的发生过程等。

1933 年，苏联数学家柯尔莫哥洛夫建立了概率论公理系统，为随机过程理论的研究奠定了重要的基础（夏乐天等，2000；张宗国，2005），使得马尔可夫过程能够以数学的形式对事物发生的随机过程进行描述，而马尔可夫链正是此描述模型。随着当前计算机应用技术的发展，马尔可夫链理论得到越来越广泛的应用。它能够描述离散事件的随机过程，对系统状态之间的转换进行定量分析。

马尔可夫链具有数学的定义，它能够描述事物变化的状态空间，通过建立马尔可夫链转移矩阵能够对事物各个随机状态发生的概率进行计算。假设当某系统包含 n 个随机发生的事件 X_1，X_2，…，X_n，则该系统具有 $n \times n$ 大小的一个随机状态空间时，以 P_{ij}，$i=j=1$，2，…，n 表示其中各状态发生的概率，则可以建立各状态之间的转移矩阵，如下所示

$$\begin{bmatrix} P_{00} & P_{01} & \cdots & P_{0n} \\ P_{10} & P_{11} & \cdots & P_{1n} \\ \vdots & \vdots & \ddots & \vdots \\ P_{n0} & P_{n1} & \cdots & P_{nn} \end{bmatrix}$$

式中，P_{ij} 为条件概率，即表示当第 i 个事件发生时第 j 个事件同时发生的概率。

对角线上元素 P_{ij}，$i=j$ 表示第 i 个事件单独发生的概率。面对此复杂的随机变化环境，为了能够准确描述各事件发生的稳态概率，学者们在马尔可夫转移矩阵的基础上结合数学的方法对各事件发生的稳态概率进行了计算。假设其中各事件发生的稳态概率为 $P(X_i)$ 则它们与转移矩阵 P_{nn} 之间存在如下关系：

$$\begin{cases} P(X_1) = P_{11}P(X_1) + P_{21}P(X_2) + \cdots + P_{n1}P(X_n) \\ P(X_2) = P_{12}P(X_1) + P_{22}P(X_2) + \cdots + P_{n2}P(X_n) \\ P(X_3) = P_{13}P(X_1) + P_{23}P(X_2) + \cdots + P_{n3}P(X_n) \\ \vdots \\ P(X_n) = P_{1n}P(X_1) + P_{2n}P(X_2) + \cdots + P_{nn}P(X_n) \end{cases}$$

通过求解该方程组，能够计算在该系统随机变化过程中，各事件发生的问题概率 $P(X_i)$，$i=1, 2, \cdots, n$，$\sum_{i=1}^{n} P(X_i) = 1$。

如上所述，正是因为马尔可夫过程具有一切随机过程的普遍意义，通过马尔可夫链便能够有效描述系统状态之间的变换，解决了抽象的随机过程难以度量和描述的问题。因此马尔可夫链受到了国内许多学者的青睐，被用于解释和分析各类随机过程。夏乐天将马尔可夫链用于人口预测和梅雨强度指数的预测当中，并提出了相应的预测模型（卞焕清和夏乐天，2012）；彭志行（2006）将马尔可夫链运用到经济管理领域中，建立了经济管理领域的随机数学模型，并借助此模型实现了决策效益的最优化；程向阳（2007）将马尔可夫链原理运用到教育评估方面，以系统状态的变化描述和评价学校职称结构变化所带来的影响；段茜等（2014）将马尔可夫链运用到云计算环境下供应链伙伴的选择研究当中，提出了基于马尔可夫链的动态模糊评价模型，帮助企业快速选择合适的合作伙伴；陈虎（2012）利用马尔可夫原理对物流服务的供应链绩效进行评估，并预测未来物流服务的变化；徐明围绕系统的调用和请求，提出了一种基于马尔可夫链的入侵检测模型，用于提高系统对异常的检测率，从而执行合适的异常处理；邢永康（2003）建立了一种用于用户分类的马尔可夫链模型，该模型能够准确描述用户在 Web 上的浏览特征，为浏览器导航的开发提供了参考依据。

如上所述，马尔可夫链由于其对随机过程描述的特征，在近年来的研究过程中已经得到了广泛的应用，尤其是对于随机过程状态的描述、未来趋势的预测以及特征优势的评估等方面取得了许多新的研究成果。而本书所研究的对象云计算风险环境正是一个存在多种随机可能状态的复杂过程，应用马尔可夫链原理将能够更加准确地描述云计算安全风险的状态变化，解释其风险变化特征，并能计算得到在复杂云计算环境变化过程中各风险发生的稳态概率，从而为风险的度量提供数学依据。

2.3 云 计 算

云计算是当前数据时代对计算能力需求下，将网格计算、并行计算等技术进一步提升所发展而来的互联网产物。作为一种全新的服务模式，它能够面向来自不同区域、不同需求的云租户群提供所需的服务。在使用过程中由于其取用方便和低成本等特点，极大地节省了企业用户在项目实施和管理过程中的成本，受到诸多 IT 企业的青睐。虽然云计算的概念在近年来才被提出，但是其思想却早在 20 世纪 60 年代就已萌生。John McCarthy（张建勋等，2010）作为云计算的先驱，认为“在未来计算能力也可以像水、电、煤气等商品一样被人们所公共取用和购买”。如今，云计算的概念对于当前大多数企业来说都已不陌生，但是对于云计算的具体定义，不同的人却持有不同的理解。Hewitt（2008）认为云计算是将信息长久地存储在云端，当租户使用时只是将信息在客户端进行缓存；美国国家标准与技术研究所（NIST）（Mell and Grance，2011）将云计算定义为一种模型，它可以随时随地、根据具体需求变化向用户提供三种服务模式，分别是基础设施即服务（IaaS）、平台即服务（PaaS）和软件即服务（SaaS）。中国云计算专家刘鹏（2010）则认为云计算是将计算的任务发布在大量计算机所构成的应用资源池中，使各种系统能够按需获得计算力、存储空间和各种应用软件服务。虽然由于角度的不同，各学者对于云计算的具体定义未能统一，但是云计算强大的计算能力、多租户共享、跨区域分布、方便取用等特点却得到了所有学者的认可。

云计算本身对于用户是透明的，用户并不需要了解其相关的操作和具体实现技术；但是对于云服务提供商而言，却是需要不断地做到技术创新才能适应日益剧增的用户需求。随着云计算技术的发展，当初仅以一台大型主机作为服务器进行数据存储和管理的模式，已经在虚拟化技术的支撑下逐渐演变为集运营支持、信息资源服务、核心计算、数据存储和备份等为一体的跨区域分布云数据中心模式（钱琼芬等，2012）。通过虚拟化技术能够在一台主机上运行多个虚拟服务器，从而提升服务器的工作效率。然而，要建立一个数据中心并实现虚拟资源的管理却面临着许多的问题。为此，国内外的相关研究主要集中在资源的虚拟化（辛军等，2010）、资源的提供（Van et al.，2009；袁文成等，2010）、虚拟环境的部署（Keahey and Freeman，2008；Liu et al.，2011；Bobroff et al.，2007）、服务的请求和调度（Sotomayor et al.，2007）、网络的故障冗余能力（张怡和孙志刚，2009；Machida et al.，2010）及虚拟机的动态迁移（刘鹏程和陈榕，2010）和负载均衡（Zhou et al.，2010）等方面，这些问题都是当前云计算发展过程中所需要解决的问题，将直接影响到整个云计算系统的服务质量（QoS）、可用性、可靠性、安全性及可扩展性等（张建勋等，2010）。

云计算诸多的特点，决定了它所面向的将是一个极其广阔并且能够不断得到延伸的应用领域。目前，云计算技术从最初的数据存储，已经逐渐开始朝着电子商务、社交网络、图书馆、政务管理、搜索引擎、移动通信和物联网等应用方面发展，并成为了美国、英国、日本和我国等诸多国家战略的需要（姜茸和杨明，2014）。由于其价格低廉、取用方便等特点，企业可以把更多的时间放到自身核心业务的发展过程中（冯登国等，2011），其未来市场潜力巨大，必将受到越来越多行业的关注和运用。但是随着技术的更新和应用领域的变化，云计算的安全性问题正逐渐显现（Sharma et al.，2013），安全问题也成了制约当前云计算推广和发展的首要问题。无论是云计算的管理方案、处理技术，还是所处的应用环境，都将影响到其安全，在未来的研究当中，这些关键问题都有望得到进一步解决。

2.4 风险理论

风险一词由来已久，它是一个中性的概念，普遍存在于社会的各个领域，与人们的一言一行密切相关。在风险的认知过程中，随着实践活动中个人经验和客观环境的变化，个人对于风险的主观理解也将改变。

风险虽然是客观存在的，但是对于风险的认识却是主观的。Wiltett 认为风险是不希望发生事件不确定性的客观体现（Willett，1951）。Dreze（1974）将风险定义为 exposure to uncertainty，即认为风险是关于事物不确定性的暴露。他们在对风险的阐述过程中都提到了风险的不确定性，从风险发生的可能上强调了风险的不确定性特征。而相对于此类定义，另一种风险认识，则强调了风险发生后所表现出的损失不确定性，认为风险是实际结果与预期结果的一种偏差（陈志国，2007），并以此来对风险的损失进行度量。而正是由于风险的这种损失性，越来越多的研究开始注重于对风险损失的控制，期望通过风险的管理有效地避免和降低风险事件发生后的不良影响。风险管理的思想最早诞生于20世纪50年代，由最初的保险型静态风险管理已经逐渐发展为当前经营型的动态风险管理（汪忠和黄瑞华，2005）。传统风险理论与现代风险理论最主要的区别在于风险的认识和风险的研究方法。传统风险理论强调对风险的损失控制，其管理对象和方法相对单一，忽略了对于关联风险和风险收益的考虑（陈志国，2007）；而现代风险则认为风险是损失和机遇的整合，在对风险进行分析时应做到全方位的动态分析，即全面风险管理。当然，要对风险进行管理，除了风险的识别外，风险的度量与评估也必不可少，如风险的价值模型（Value at Risk，VaR）（徐元铖，2005）、一致性风险度量模型（林志炳和许保光，2006）、风险矩阵分析法（Klein and Cork，1998）等，这些模型的提出都为当前风险的度量方法研究提供了重要的参考价值，但不可避免都会受到主观人为偏差的影响。而汪忠则认为虽然当前关于风险管理的研究很多，但是研究技术和思维却存在较大差异，受到具体领域的限制，还并不能适应未来复杂多变的企业环境。随着信息技术的迅猛发展，未来风险将拥有更多新的内涵。同时，他也预见未来风险管理的研究将集中于高科技风险和知识风险的管理过程中。和他的观点相同，Okrent（1998）同样也指出当前风险管理在知识技术管理方面的研究仍有待进一步发展。

可见未来风险的研究，不再只是金融管理领域的研究。随着科技的发展，风险认知和管理都将改变以往的传统模式（Gao，2001），风险的内涵将越来越广泛，将会延伸到越来越多新的领域，产生许多新的研究方法和实用价值。

2.5 云计算安全风险

正如2.4节所提到的未来风险理论研究发展趋势一般，云计算安全风险正是在新技术出现的同时所附带而来的一种新型风险。虽然云计算的思想形成已久，但是关于云计算安全风险问题的研究却是在近年来才开始兴起。2008年，世界权威的信息技术顾问公司Gartner（Heiser and Nicolett，2008）在其报告中列出了当前云计算安全所面临的七大风险，作为先驱，引领了国内外学者关于云计算安全问题的探讨和研究。然而，Gartner在其报告中也只是做了定性的讨论，并未结合相应的实例加以说明。在此之后，国内外学者分别从不同的角度展开了对云计算安全风险问题的研究，包括云计算安全风险因素的梳理、云计算安全应用领域、云计算安全的评估研究方法及云计算安全的应对策略等。

Chhabra和Tangja（2011）从云计算的基础设施服务、平台服务和软件应用服务的体系结构层次论述了云计算安全所存在的风险问题。欧洲网络与信息安全局ENISA（2009）将云计算风险划分为组织风险、技术风险、法律风险及非云计算特有的风险四个大类，并分别列举出了当中所存在的风险因素。但是这些风险因素大多类似，存在冗余信息。Tanimoto等（2011）从用户的角度进行讨论，列出了用户所关心的云计算安全风险问题。Ahmadt（2010）探讨了云服务商对于保证云计算安全所需要采取的措施。Dan和Clarke（2010）及Ward和Sipior（2010）从司法角度考虑，论述了云用户可能会受到的法律影响及安全隐私问题。国内的朱圣才（2013）、姜政伟（2012）、程玉珍（2013）、潘小明（2013）等分别就云计算的应用安全、数据安全、网络安全、物理安全等几个方面对云计算安全所存在的风险问题进行了讨论，并列出了相关风险因素。这些文献对于本书风险因素的研究具有很大帮助，但是这些文献都是将风险划分为几个单独的大类并在每个大类下细分风险因素，忽略了对于风险因素相互之间交叉关系的考虑。

在不同的应用领域，国内学者也针对具体领域的要求展开了对云计算安全问题的详细讨论，如电子政务（胡振宇等，2012）、电子商务（张恒喜和史争军，2011；周畅，2011）、移动通信（王建峰等，2012）、银行管理（陈小辉等，2011）、企业信息系统（苏强，2011）、数字图书馆（马晓婷和陈臣，2011；潘辉，2011）等领域的研究，这些领域的研究结合云计算的特点和具体领域需求探讨了云计算环境下所存在的隐私风险的可能性。

而针对云计算安全问题的评估、解决和应对方案，Saripalli和Walters（2010）提出了关于云计算安全风险的评估框架；Chandran等（2012）认为可以通过对风险的量化分析，采取相应措施减少风险的损失；冯本明等（2011）根据云计算的网络拓扑分布，提出了关于存储资源风险的计算模型。龚军等提出了一种基于FAHP的信息安全风险评估模型，并将该模型应用在校园网中，通过实例验证结果符合实际（龚军等，2011）。付钰等的2篇文献分别提出了基于模糊理论与神经网络的评估方法、基于贝叶斯网络的信息安全风险评估方法，运用该评估方法对信息系统进行评估是有效的（付钰等，2011，2006）。付沙等的3篇文献分别提出了基于熵权理论与模糊集理论的信息系统评估方法、基于模糊推理与多重结构神经网络在信息系统安全风险评估方法、基于灰色模糊理论的信息系统安全风险评估方法，通过实例分析，验证这些方法能够准确量化评估信息系统风险（付沙等，2013a；付沙等，2013b；付沙等，2013c）。陈颂等（2012）提出一种信息系统安全风险评估的流程，从而提高风险评估的准确性。Yu 和 Li（2012）依据角色、结构和信息系统的环境对目的、目标、风险评估业务流程做了详细的分析，提出了面向商业过程的信息系统安全风险评估的方法。

卢宪雨（2012）仅对云计算环境下可能存在的安全风险进行了简要分析，提出了由数据泄露、虚拟化、身份和访问管理等方面带来的安全风险，并未针对风险提出应对策略或解决方法。姜政伟和刘宝旭（2012）提出了云服务的接口或 API 存在漏洞、资源共享、数据丢失或泄露等 11 个方面带来的安全风险，并针对每一个安全风险给出应对策略。林兆骥等（2011）针对云计算的现有特征，从服务器安全、数据安全、应用服务安全、管理和监控四个方面阐述了云计算存在的安全问题，并提出一个云计算安全模型。张伟匡等（2011）从云计算提供商、网络、员工、法律和政策四个方面阐述了云时代企业情报所面临的安全问题，并提出了管理对策和建议。Gartner（Heiser and Nicolett，2008）机构提出了有数据隔离、数据隐私、特权用户接入等云计算存在的 7 大风险。Coalfire（Palanisamy，2012）在 2012 年的报告中提出了数据位置、数据所有权等 10 大云计算安全风险。CSA（2013）在 2013 年的报告中指出了云计算存在数据泄露、数据丢失等 9 个方面的威胁。蒋洁（2012）针对云计算法律风险的影响提出了应对的策略。

云计算面临着众多的安全问题，并总结了 8 种安全威胁以及对应的风险因素，最后提出了一种基于层次分析法的云计算安全风险评估模型（Liu and Liu，2011）。周紫熙和叶建伟（2012）主要针对数据的机密性做研究，并挖掘出了数据机密性的安全风险，从而提出了基于数据流分析的数据机密性风险评估模型，该方法能够有效识别云计算环境中破坏服务和数据机密性的行为。汪兆成（2011）分析了云计算信息安全风险评估中需要考虑的评估指标，重点论述了信息资产评估识别过程，给出了基于云计算的信息安全风险定量计算方法。刘恒等（2010）提出了一种云计算宏观安全风险评估分析方法，该方法有效揭示了云计算环境下面临的特殊的、宏观的风险。韩起云（2012）针对云计算所面临的安全问题，总结出了 8 类威胁准则以及对应的 39 种威胁因素，构建了层次分析模型，并采用层次分析法进行分析，提出了一种基于云计算环境下的信息安全风险评估模型，通过实验表明该风险模型具有一定的实用价值。

综上所述，作者通过参阅国内外云计算安全风险的研究文献，总结云计算安全评估方面的研究，发现目前的研究方法多采用层次分析法、模糊理论、神经网络、故障树分析法等，但研究成果较少，已有的成果仅能作参考，不能应用到实例当中，且这些方法存在缺陷，见表 2-1。

表 2-1　评估方法缺陷（肖云等和王造宏，2011）

评估方法	缺点
故障树分析法	量化困难，复杂系统的故障树构建困难且计算过程较复杂
层次分析法	要求评估者能力强且存在主观性
模糊综合评判法	隶属函数确定没有系统的方法且存在主观性
人工神经网络	结构确定复杂，优化困难，容易造成局部最优和过拟合问题

在这些相关的研究内容中仍然存在些许不足：

1）目前的研究针对云计算安全风险因素大多为定性的阐述，定量的研究较少，即使提出了一些方法也只是针对某些单独的问题，且存在大量主观因素。

2）对于风险的划分通常是归为几个独立（不存在交叉关系）的大类，忽略了各风险因素之间的相互关联。

3）在云服务过程中，用户是被动接受云服务带来的风险，但是大多数云计算安全方面的研究是站在用户的角度进行的，更有的尚未阐明研究角度，使得成果缺乏针对性，即使应用也无法保障用户的利益。

4）现有研究列举出了众多的风险因素，但其中的一些因素含义相近，存在冗余信息。信息过于繁杂，未能体现云计算的特点，没有建立系统或层次的风险评估体系，造成了后续量化研究的困难。

5）所提出的风险应对方案通常是经验型的分析和判断，没有进行实证研究和案例分析，使得评估效果不明显。

2.6　本章小结

本书的内容是跨学科交叉的综合性研究，在具体的研究过程中将运用系统科学、系统工程、信息科学、数学计算以及管理科学等领域的相关理论和方法。

虽然云计算是一项近年来才兴起的新型技术，对于其安全问题的研究也才起步，但是其仍然属于风险管理的范畴，过去的风险研究理论将是本书研究的重要参考基础。因此，本课题组通过整理和学习国内外云计算理论、风险理论以及云计算安全问题的相关研究，论述了当前研究所存在的问题及未来发展趋势，为本书的风险因素解释、风险大小度量、风险评估以及最后的风险管理和解决方案提供了重要的参考信息。考虑到风险发生的不确定性和关联复杂性，本课题组通过参阅国内外信息熵理论的研究文献，论述了其特点和应用性，拟将信息熵理论作为本书研究的关键技术，试图利用其不确定性分析和定量描述的优势，结合其具体计算方法有效地避免在风险度量和评估中所存在的人为主观因素影响。这些相关文献丰富了当前云计算研究的理论，扩展了其研究领域，为本书的研究指出了关键问题，并指明了未来的研究方向，对于本书研究思路的扩展和关键技术的采用都有极大的启示。本书将在这些研究的基础上，针对当前所存在的问题以及未来的研究任务重点展开详细的论述和研究。

第3章　云计算安全风险属性模型

本章目标：

- 从云计算的用户隐私保护、技术需求及运营管理三个方面展开论述，将云计算风险划分为三个维度，并阐述其主要研究内容。
- 从已划分的隐私风险、技术风险、商业及运营管理风险三个维度分别对影响云计算安全的风险因素进行梳理，并针对各风险因素进行详细说明。
- 根据风险因素的划分，最终建立具有交叉关系的云计算安全风险属性模型，为后续的风险度量及评估奠定基础。

3.1　概　　述

云计算由于其高效便捷性，受到越来越多IT行业服务商的关注，被普遍认为是促进未来互联网经济繁荣的又一个重要增长点（冯登国等，2011）。然而，当前云计算的发展面临极大的挑战，Gartner 2009年的调查结果显示，“70%以上企业的CTO都因为安全问题的顾虑，暂时放弃了采用云计算服务”，安全问题成为了阻碍云计算发展的关键因素。而云计算要得到继续发展，其首要问题就是必须解决当前所面临的各种安全问题。

目前，在风险的管理与维护过程当中，通常是面向某些风险子问题单独进行预防和控制，而并没有从“根源”上去认识这些风险问题，这就使得风险的维护管理在应对一些突发的情况时往往显得措手不及。而在实际的云计算过程中，风险的发生具有较大的复杂性和随机性，面对这样的情况要做到有效的风险管理和维护，则需要对云计算的安全问题有一个系统全面的认识，建立其风险机制（即建立云计算的安全风险属性）。它是进行风险度量与评估的重要基础，能够为风险的管理决策提供重要的依据。

因此，为了能够合理地预防和管理当前云计算所面临的各类安全问题，本书将建立风险的安全属性模型，并实现对风险的有效度量及评估。通过借鉴国内外相关研究所提出的风险因素考虑，本书现将云计算环境下的安全风险属性划分为隐私风险、技术风险、商业及运营管理风险三个维度，针对这三个方面的主要研究内容分别如下：

（1）隐私风险

隐私风险通常是指云计算环境下由于安全疏忽所造成的用户隐私数据泄露。由于云计算环境下各数据、应用和服务等均存储在云端，一旦云用户将相关数据提交给服务商，具有优先访问权的便不再是用户自身，而是云服务商，这就不能排除用户在长时间使用云服务过程中造成隐私数据泄露的可能性。其中，云计算安全所涉及的用户隐私较多，除了传统隐私安全认识上的用户基本资料以外，在云计算的环境下还包括用户的电子财务数据、位置隐私、浏览踪迹、服务端记录信息、相关受理业务、软件使用习惯及实时操作状态等隐私信息（季一木等，2014），这些相关信息外泄后都会给云用户造成直接的影响及损失。

因此，如何将风险降至最低，成为了用户最关心的问题，也是服务商迫切需要解决的问题。为此本书将对当前云计算理论和应用状况进行调查、研究和分析，同时回顾和梳理现有风险理论，探讨云计算环境下隐私风险的主要因素，从而丰富和完善云计算的安全风险属性模型。

（2）技术风险

云计算之所以存在一系列的安全问题，有很大一部分原因来自当前云计算技术的不成熟。众所周知，云计算共包含三个层次的服务，分别是基础设施即服务（IaaS）、平台即服务（PaaS）及应用即服务（SaaS）。任何一个层次的服务都将涉及体系结构、虚拟化存储、网络传输、效用计算等相关方面的技术要求，其中任何一个技术上的差错或技术支撑不到位都将直接影响系统的正常运作，造成经济上的不必要的损失。

而本书的研究正是为了探讨这些由技术差缺所带来的安全问题，如采用何种技术能够降低风险，不采用某技术会造成哪些风险可能。通过跟踪云计算前沿理论，并结合云计算的实践应用状况，最终凝练云计算环境下技术风险的主要因素。

（3）商业及运营管理风险

除了信息技术上缺陷所造成的风险损失外，云服务过程同样存在由于运营商管理失策或其所处商业环境影响而造成的安全问题，即云计算的商业及运营管理风险。同时，由于云计算分布式存储的特点，其数据存储可能跨越不同国家或地区，而由于这些国家或地区政策法规的差异都将给云计算安全带来潜在的风险可能。这就要求在云服务过程中，服务商需要严格遵循各地区的司法程序，获得相关权威机构的审计或安全认证，并根据云计算特点合理地管理和控制云服务的角色权限，只有在这一系列相关管理支持的条件下才能维持云计算服务的长远发展。然而，当前云计算服务还处于新兴的商业模式阶段，几乎所有的服务提供商都还不具备完善管理云计算服务的经验和方案，这就造成了云计算环境下由商业环境及管理缺陷所带来的诸多安全问题。

为此，本书将从用户和服务商角度进行考虑，围绕云计算的管理运营模式展开研究，凝练出云计算环境下商业及运营管理风险的主要因素。

综上所述，在接下来的工作中，本章将在这三个维度的基础上展开对云计算安全风险的研究，同时梳理各类风险及其风险因素之间的相互关系，最终建立具有交叉关系的云计算安全风险属性模型，为后续的风险度量和风险评估奠定基础。其示意图如图 3-1 所示。

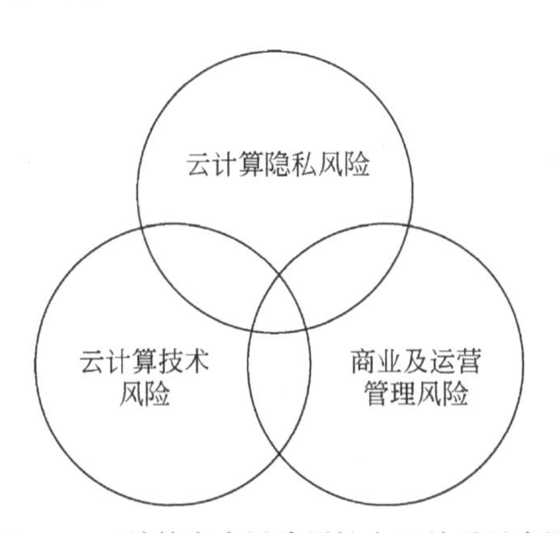

图 3-1　云计算安全风险属性交叉关系示意图

由图可见，在风险的梳理过程中，由于分析的视角不同，最终所建立的云计算安全风险属性在隐私风险、技术风险、商业及运营管理风险三个维度之间是存在一定交叉关系的，即表示某些风险因素的发生既可能属于隐私风险的范畴，也可能源于技术风险或运营管理风险，存在多种发生的随机可能状态。因此，本章在建立云计算安全风险属性的过程中，以国内外对风险因素的相关研究（Heiser and Nicolett，2008；ENISA，2012；CSA，2013；Palanisamy B，2012）为基础，将各类风险作为一个整体进行分析，充分考虑各风险因素之间的交叉关系，最终建立具有交叉关系的风险属性模型。

3.2 云计算安全风险因素分析

3.2.1 云计算隐私风险因素

根据云计算服务的特点，本小节在国内外相关研究的基础上，经过梳理提出了以下相关隐私风险因素，并从用户隐私的角度针对各风险发生的可能情况及损失影响进行了详细说明。

（1）数据隔离

在公共的云计算环境下，多租户的资源共享构成了云计算庞大的应用资源池，它在为用户提供高效、便捷服务的同时，也给用户带来了潜在的隐私风险。随着用户需求的增多，越来越多的数据被存储在云端，若不能有效地将这些数据隔离开来，当多个事务同时进行时，某个软件漏洞或程序缺陷，就会存在用户隐私被他人所窃取或查看的可能，从而造成云用户隐私被泄露的风险。

2012年全球最大的社交网站Facebook就曾被证实因为在数据隔离上处理不当，造成用户在下载好友列表中联系人数据时会获取到原本不应该存在的额外信息，使得用户隐私在用户之间的泄露。可见，数据隔离对于云用户隐私数据的保护极为重要，是威胁到用户隐私的一个重要风险因素。

（2）数据加密

数据加密利用密码技术实现对用户信息的隐蔽，能为数据的存储和传输提供强大的保护。在云计算的服务模式下，数据提供者和数据访问者不再是简单的一对一关系（程玉柱和胡伏湘，2013），当云用户将数据存储到云端后，用户则需要通过服务商所提供的各类接口对数据进行访问，而存储在云端的数据则有可能被恶意的用户或非法的运营商管理员所窃取。

因此，要有效保护用户的隐私，则需要合理利用安全加密机制实现对数据信息的保护，鼓励用户采用高强度密码加强对自身隐私的保护，当某用户需要查看加密文件时，只有通过相应的密钥才能进行访问，从而保证用户隐私数据在传输和访问过程中的安全性。

（3）密钥管理

数据加密在一定程度上有效地实现了对于用户隐私的保护，但是并不能忽略对于密钥管理的风险因素考虑。因为在实际过程中，即使云服务商实施了较为完善的数据加密机制，但是如果密钥没有交给用户自身管理，或由于用户自身密钥管理的疏忽，在传输过程中频繁使用密钥等问题，都会对用户隐私安全造成威胁。相反，如果密钥由服务商保管，又会存在被服务商内部恶意员工利用的可能。由于这些潜在风险的影响，密钥管理对于用户隐私安全的威胁不容小觑，其是构成云计算安全风险的必然因素。

（4）内部人员威胁

由于利益的诱惑，在实际过程中来自内部人员的威胁一直存在，无论是有意或是无意的非法操作都将给用户隐私带来威胁。当用户将数据上传到云计算数据中心后，如企业账户、交易记录、个人兴趣爱好、具体位置等敏感信息都将被相应的管理人员有意或无意地看到，在利益的驱动下这些数据将有很大可能被恶意的内部人员利用而从事非法活动。因此，内部人员威胁在实际的风险预防和管理工作中同样不可以排除。

（5）数据销毁

数据销毁的目的是将数据彻底删除且无法复原，从而避免数据信息的泄露。然而，在云服务环境下当用户提出申请要求删除存储在云端的资源时，当前大多数操作系统都不能够及时做到真正的擦除（ENISA，2012），在公用的磁盘信息上通常会残留额外的数据副本，这就给其他恶意用户留下了利用残留数据进行非法重建的机会。

英国电信（British Telecom）就曾和英国、美国多所大学合作，从不同渠道搜集到约350张被遗弃的二手磁盘，通过研究发现，在经过简单的数据复原技术后，有37%的硬盘上仍能够找回一些敏感的个人或企业数据，包括财务资料、信用卡号、网购数据、医疗数据等信息。以上所述都说明数据销毁不彻底将会对用户隐私安全构成较大的威胁，是风险管理和控制中需要重视的风险因素。

(6) 身份认证

身份认证也称身份鉴别，是对某用户是否具有访问或使用某资源权限的一种身份信息判断方式。在云计算环境下面对庞大的用户群时，各用户数据都被存储在公用的云端，不同的用户具有不同的身份信息，若不能将每一个用户的身份信息通过数字认证的方式区别开，则会构成对云用户隐私安全的威胁，给“非法”用户带来可乘之机，导致其他用户的身份信息被冒充，从而造成数据的泄露，影响授权访问者的合法利益。

在2014年11月考研报名期间，就因为身份认证的缺陷导致我国130万考生考研信息被泄露，包括考生的手机号码、身份证号、住址、报考学校及专业等一系列敏感信息，使不少考生遭受到了各方的骚扰，个人信息被不法分子利用。由此可见，身份认证是保证用户隐私数据安全的一个重要关口，是决定隐私安全的又一重要因素。

(7) 访问权限控制

访问权限控制是在身份认证的基础上，根据预定义的身份标识来限制各用户对信息资源进行访问的管理机制。如果将身份认证理解为“你是谁”的一种判断，而访问权限控制则是为了解决“你能做什么”的问题。在云环境下，访问控制通常是由管理员针对不同用户设置不同的访问权限，从而实现对某网络资源访问角色及访问数量的限制。因此，在缺少访问控制或授权机制不完善的情况下，将会造成用户的隐私数据被其他用户越权查看或被非法窃取的可能。

(8) 法规遵从

云计算作为新兴的产业技术，在法律约束和规范上都显得相对滞后，给云计算的隐私安全构成了威胁。目前，云用户与服务提供商之间的责任与权限界定并不清晰（冯登国等，2011），这就导致当用户隐私受到侵害时最终责任归谁难以定夺，使得用户的隐私权益得不到合法的保护。而且各地司法的差异也会构成对用户隐私的威胁，如隐私法的冲突（Heiser and Nicolett，2008）和跨区域的传输过程（于浩杰等，2014）都会造成数据的泄露。另外，在某些地区或国家相关法律还规定用户必须向政府公开其个人信息，如《美国爱国者法案》规定政府有权访问美国境内的用户数据（Alsudiari and Vasista，2012；Sharma，2013；

Pearson，2013)，若存在恶意的内部人员，则用户的隐私随时可能泄露。可见法规遵从也是决定和影响用户隐私安全的一个重要风险因素。

(9) 不安全的接口和 API

云服务均基于开放的互联网，用户只需提出需求，服务即从云端“飘”过来，而用户则将自己的数据上传至云中的某个地方进行存储和使用，两者之间的交互通过接口进行，接口是一个关键的信息传输“匝道”。但是，面对规模日益增长的用户群以及各种各样的用户需求，从接口通过的信息也变得复杂多样。此外，随着用户对云服务的依赖和信任，越来越多有价值的隐私信息被上传至云端。因此，接口的安全性也面临着前所未有的挑战，倘若用户通过不安全的接口使用云服务，在使用过程中，黑客等不法分子通过接口攻击或者截取用户数据，不仅通过接口的数据会被窃取，存储在云中的数据同样会被窃取，从而造成大规模的隐私泄露。因此，接口的安全性是保障云计算安全和隐私极其重要的环节之一。

3.2.2　云计算技术风险因素

随着云计算的不断壮大，在其普及过程中由于技术的不成熟和对具体市场运作的不了解，已经暴露出不少技术缺陷直接影响系统的正常运作过程，从而给企业造成了不必要的经济损失。也正因为如此，在管理决策过程中，越来越多的云计算服务商开始注重对技术风险的预防和控制，唯有在风险来临时对其发生原因和影响结果有一定的认识和了解，才能保证其风险维护管理的有效进行。因此，本小节将重点探讨云计算环境下的技术风险因素。与 3.2.1 小节的分析角度不同，本小节将重点围绕云计算的技术特征，从技术角度详细讨论在云计算实际运作过程中可能存在的风险因素，为之后的风险管理决策提供依据。这些技术风险因素如下。

(1) 数据加密

数据加密是云计算服务过程中的核心技术，通过与密钥管理的结合能够防止不法分子对系统的恶意攻击，但这并不排除这种数据加密技术本身不存在缺陷。例如，在某种情况下数据的加密技术也可能会造成对数据结构的破坏，从而造成数据失效、信息描述错误、数据使用复杂甚至数据损坏等情况，直接影响云计算服务的交付过程。

另外，现阶段由于这种加密机制不成熟，在大多数情况下虽然保证了用户的数据安全，但会降低在具体事务中数据的使用效率。可见数据的加密技术不仅是对用户隐私安全保护的一种重要需求（影响到用户隐私安全），也是支撑整个云计算服务稳定运作的重要基础，若是出现加密技术的失误，它也会成为影响云计算安全的一种技术风险因素。

（2）数据销毁

从 3. 2. 1 小节的分析得知，数据销毁若做不到彻底的数据擦除，就会造成对用户隐私安全的威胁，它是在实际交付过程中对云计算技术的一个重要考验。由于云计算多租户共享的特点，很多用户的数据都被共同存放到同一存储设备上，而这一存储设备出于经济性的考虑又需要被重复使用，对此传统的物理摧毁方式并不适用，这就要求云计算销毁技术在做到完全销毁的前提下，还需要保证存储设备本身不被损害，同时不破坏其他用户数据。另外，当数据被移动的时候，数据销毁技术也需要确认原本储存位置上的数据已经被销毁，并且删除额外的备份文件，以免留下残余数据。这些问题构成了实现云计算数据销毁的困难，将直接影响实际交互过程中数据的安全，是云计算技术中不可忽视的一环。

（3）身份认证

云端存储有来自不同区域、不同客户的共享资源，要确保与用户交付过程的安全，仅通过“用户+密码”的认证方式仍然不够，还需要结合其他身份认证技术对访问者身份进行验证。因为一些用户在访问不同网络资源时通常习惯于使用相同的账号和密码，这就会导致黑客利用同一密码去试验该用户在其他网站的身份，从而盗取相关信息。2011 年 12 月 21 日，CSDN 正是由于这一原因，导致 600 万左右用户信息被黑客利用。

另外，身份认证作为确保云计算安全的关键技术，并不只是做到保证数据安全就行。在面向庞大的用户群时，除了需要做到身份的有效识别外，还必须具有通用性、兼容性、经济性等特点，否则这些问题都将影响云计算的实际应用、阻碍云计算的推广，给企业的运营带来不良影响。

（4）数据迁移

数据迁移是保障用户数据能够在不同云平台之间进行转换、移植和使用的技术，它对于用户业务的正常运营和扩展极为重要。由于云计算服务建立在网络的基础上，势必会遇到网络攻击、服务中断、数据或访问过载的情况，面对此类突发的情况，通过将数据进行安全移植能够起到有效的缓解作用，可见数据迁移技术是云计算系统长期稳定运作的重要保障。

(5) 访问权限控制

访问控制是和身份认证配套的一种云计算安全保障技术。在云环境下用户身份验证通过后，服务端会根据访问者身份信息来决定是否授权访问，从而实现对某网络资源访问角色及访问数量的限制。这就导致仅拥有身份验证，若是缺少访问权限控制也会构成技术缺陷，被不法分子利用。

在云服务的访问控制中，通常包含两种控制类型，一种为“自主访问控制”，即由用户自身对所提供的资源进行访问授权，而另一种为“强制访问控制”，即由服务提供商强制对用户资源进行统一的授权控制。无论是哪一类控制都涉及对系统的操作和资源的访问，若处理不当，将导致用户权限混乱，造成不可估量的负面影响和经济损失。

(6) 数据隔离

对于未授权用户，可以通过数据加密方式进行防范，但是对于已经授权的用户，要保证个人隐私不被他人访问到，需要实现对用户数据的隔离。数据隔离所造成故障已经不少见，ENISA (2012) 认为，数据隔离风险主要存在于不同租户间的分离存储、内存、路由和声誉隔离机制等方面，较为常见的如客户机间的跨区攻击。

Gartner (Heiser and Nicolett, 2008) 则从用户角度论述了数据隔离的风险，认为用户需要对云服务提供商如何实现用户数据的隔离有所了解，从而选择合理的数据存储和备份方式，以保证自身数据的安全。而对于云服务提供商而言，则需要综合考虑技术的复杂性和经济成本，从不同的服务层次上根据用户的租赁需求，采用合理的隔离机制来确保云租户间数据的不可见性，并且不破坏数据本身的结构。一旦数据隔离出现差错，危及的不只是用户隐私的安全，也会对云服务提供商是否能够继续正常运营产生风险影响。

(7) 软件更新及升级隐患

更新换代是所有技术产品的特点，然而每一次的更新或升级都难免会在新的适应过程中出现问题。随着云计算租户及其服务需求的增多，越来越多的问题开始暴露，这就造成云计算产品需要进行不断更新，但是并非每一次更新或升级都能解决当前的问题，甚至可能带来新的未知隐患，并且由于云计算特殊的服务模式，这些隐患将会被迅速扩散开，从而影响用户业务的正常进行（朱圣才，2013）。另外，许多不法分子也会利用计算机发出的更新请求以恶意的软件或补丁代替，这些都是威胁云计算安全的重要技术因素。

(8) 网络恶意攻击（网络入侵防范)

当前，实际应用过程中云计算安全的大多数危机都来自于网络攻击，如非法入侵、恶意代码攻击等，而为了解决此问题运营商通常需要采用网络监控防范，它能够从一定程度上防止来自网络的攻击。网络监控通过对主机的 IP 地址、物理地址、端口号、流量等进行监视，从而检测其中可能存在的不良行为，有效避免来自网络的威胁。但是网络监控技术也会存在漏洞，不能够完全庇护到所有的细微环节，这就为黑客留下攻击缺口，给系统造成安全隐患。同时，监控技术自身也存在一定弊端，如要实现网络监控就需要占用额外的虚拟化资源，导致网络延迟（Sangroya et al.，2010），从而影响企业的稳定运作。

(9) 不安全接口和 API

要实现云租户与云平台之间的交互过程，租户必须依赖于服务商所提供的软件接口或 API 才能进行相应的管理和操作（胡振宇等，2012）。这些接口关系到云计算环境下庞大的虚拟机群，是用户访问云端资源、获取服务过程的重要基础，一旦出现漏洞将被黑客所利用，直接影响到云平台的正常交互过程。2011 年 10 月，亚马逊 EC2 服务上就曾因为一个控制接口上的漏洞被黑客利用，造成了严重的影响。CSA（2013）也曾在报告中指出不安全的接口和 API 是威胁云计算安全的重要因素。

然而，更为复杂的是，在这些接口上还存在由第三方组织提供的额外增值服务，这更增加了云计算服务商对接口管理的处理难度，而用户也将更容易掉入不安全接口的陷阱中，使得云计算安全的风险不确定性变得极为复杂。可见这些接口对于云计算安全的影响极为关键，一方面既是实现云计算实际交付过程的重要技术支撑，另一方面若是处理不当也会成为影响云计算安全的潜在威胁。

(10) 数据备份与恢复（数据灾难恢复）

随着信息水平的提高和应用需求的增加，存储在云端的数据越来越庞大，结构越来越复杂。这些数据一旦丢失，牵涉到的用户和波及的范围将无可估量，对于某些企业来说甚至可能是毁灭性的灾害。在云环境中，可能造成数据丢失的原因很多，如密钥的丢失导致数据无法解密（姜政伟和刘宝旭，2012），操作失误造成数据消除，机房发生意外灾害或不可靠的存储介质等，在没有合适数据备份的情况下都可能造成严重的数据丢失事故。

虽然数据丢失的风险属于少数情况，但是数据丢失意味着用户不能够在该云计算平台上继续相应的服务或应用操作，这将造成意料之外的损失；而对于服务商而言，将失去大量的客户资源，导致自身的正常运营难以继续，形成巨大的经济损失。因此，为了不酿成如此灾祸，云计算服务商必须具备强大的容灾和数据恢复技术。

(11) 网络带宽影响

云计算作为基于网络的应用，其使用过程高效便捷，一切资源仿佛都是从云端直接飘过来，但是在这背后却消耗着大量的网络带宽资源。在实际的云计算运作过程中，网络带宽的优劣将直接决定其性能表现，只有在可靠的、稳定的、充足的、容易获取的带宽资源下，才能保证整个平台的稳定运作，为更多的用户提供便捷的服务。否则，当多个用户同时使用业务时，将会达到带宽峰值，此时就有可能出现网络瘫痪、服务中断、网络延迟等问题，对企业造成不必要的损失。虽然由网络带宽所产生的影响并不突出，但却是一件令人头疼和烦恼的事，这是未来云计算发展和普及的重要客观需求。

3. 2. 3　云计算商业及运营风险因素

任何新技术产品融入市场后，其运营管理都会较为落后，对于很多问题都来不及做出合理的对策。因此，除了信息技术造成的风险损失外，云计算实际运作过程中服务商和企业客户自身的运营体系或所处的商业环境影响也可能造成云计算安全风险。本小节围绕云服务的运营管理及所处的商业环境进行风险的分析和讨论，最终通过梳理总结得到以下风险因素。

(1) 服务商生存能力

对于一个服务商是否可靠，用户往往最看重的就是该服务商的规模实力，即对于该服务商自身生存能力的一个判断。

Gartner（Heiser and Nicolett，2008）曾在其报告中强调了“服务商生存能力”是云计算风险评估中需要考虑的一个重要因素。当用户选择某服务商时，需要具有长远的眼光，对于该服务商是否能够提供长期稳定服务，是否具有长期生存的能力都需要有所了解；相反，对于云服务商，若要寻求更多的用户，则需要向用户提供其相关安全程序保护的详细资料，并对于出现风险事故时会采取怎样的挽救方法加以说明。否则，服务商一旦出现破产、并购或转包的情况，就会给企业用户造成突发的风险损失，甚至出现服务中断，从而导致该企业的运作无法继续进行，所造成的经济损失无法估量。可见，服务商的生存能力是保障云计算安全的重要基础，其关联重大，在考虑云计算安全时不可忽略。

(2) 法规遵从

法规遵从能够保障云计算服务的合法性，但是它也是对服务商和企业用户所具备职能的一种约束。Gartner（Heiser and Nicolett，2008）所列举的风险因素报告中曾指出，云计算服务商在提供给用户服务的同时，必须接受外部相关组织的合法审计和安全认证（如相关行业标准或管理规定的认证），否则在某些特殊情况下服务商将无法履行已承诺提供的相关服务（ENISA，2012），而用户也只能执行一些无关紧要的职能，这就可能使得云服务商和用户之间产生一系列不必要的矛盾或纠纷，既影响用户的正常业务，也会为运营商带来不必要的经济损失。

因此，在风险的管理决策中，云服务商和用户之间都必须在遵守法规约束的条件下，选择和执行相应的职能，如可以上传哪些信息，可以公开哪些信息，能够执行何种业务等问题，这些都是在相应的管理决策中需要考虑的因素，受到法规遵从的影响。

(3) 数据存放位置

由于云计算跨区域分布的特点，数据存放位置成为了一个客观存在的环境风险因素。当用户在进行相应的数据管理操作时，几乎都不知道这些数据被存储在什么地方，而此时数据就有可能被存储于不同的地区或国家。

面对这样的特殊情况，一方面，数据存储位置将会受到各地司法差异的影响，如一些国家强令禁止本国公民的隐私数据存储于他国；有些银行监管部门要求客户必须将数据保留在本国等（Heiser and Nicolett，2008）；另一方面，数据存储于不同地区，可能服务商都难以知道数据的具体位置，当风险发生时对于数据的管理和维护将更为困难。例如，数据的迁移、数据的恢复、数据的备份等都会因为异地储存的原因存在潜在的风险威胁。

云计算需要面向不同的客户提供强大的计算能力，就需要存储海量的数据，而这些数据势必会受到存放位置的影响。因此，在考虑云计算安全时同样需要考虑数据存放位置所带来的潜在风险威胁。

（4）内部人员威胁

在实施了数据加密技术后，无论是企业用户还是服务运营商，都不能忽视对于内部相关人员的管理和约束。因为即使在周全加密技术的保障下，缺少了对于内部人员的管束，若存在不怀好意的内部员工，他们比外部人员更了解系统的具体信息，并具备特殊的管理和监督权限，不需要非常高明的技术也能轻松窃取到机密数据进行变卖或对系统进行破坏。2010 年，谷歌就因为自身管理的疏忽，导致两名内部员工侵入到 GoogleVoice、Gtalk 等账户，造成数据泄露的风险。虽然此类风险事件为少数，但是难以发现，极具危害（ENISA，2012；Group，2013）。

因此，运营商或企业用户都不能只关注外部的威胁，而忽略了对于内部的防范，还需要对拥有特殊权限的管理人员实施合理的组织监督，并进行相应的授权，保证各员工之间能够相互制衡监督、共同合作。

（5）密钥管理

密钥管理是对密钥进行保管的一种执行措施，在 3. 2. 1 节已经论述了它对用户隐私安全的威胁。密钥管理是否会造成事故风险，有较大部分原因取决于云服务商所采取的密钥管理方式。如选择由谁来保管，什么时候需要用到密钥，保管在什么地方等问题都是在实际运作过程中需要考虑的重要因素。它是一种对于确保云计算安全的管理制度需求。

（6）调查支持

为了避免风险的发生，进行相关调查和电子举证是一条有效的，也是必需的途径，但是云服务与传统的服务模式不同，它具有多租户、跨区域储存的特点，包含不同的服务层次且会不断出现服务上的变化，要展开调查工作并不是一件容易的事。正是由于此原因，目前大多数云平台服务商都不情愿或难以提供给用户相应的调查支持，这就意味着用户对于实际交互过程中可能存在的不良行为无法进行调查，给不怀好意的员工进行非法活动创造了宽松的环境。面对已经存在的违法违规行为，在没有调查支持的条件下仅通过假设将难以确定其具体原因或来源，对于企业而言将造成极为尴尬的局面，导致风险的不确定性增加，形成诸多难以控制的风险威胁。

可见有无调查支持是影响云计算安全的一个重要因素。然而，也并非拥有了调查支持就能有效地对实际过程中的违法行为进行溯源。因为，即使服务商提供了调查支持的途径，用户也并不一定了解在云计算复杂的环境下具体的调查工作应如何展开。这就要求企业用户在进行调查时，还需要获得一些特定形式调查的协议保证，并在调查工作中得到云服务提供商的积极配合，否则仍然无法成功地找到其中可能存在的威胁，企业将面临许多突发的风险可能。

(7) 硬件设施环境

云计算系统的正常运作不可能脱离配套的硬件设施，这就意味着云计算安全除了软件环境方面的潜在风险外，还存在来自物理环境方面的风险可能。云计算数据中心作为云计算的核心平台，其安全性是一切云计算服务运作的基础保障，如机房的防盗保护、灾害预防、温湿度控制及电力供应等（姜政伟和刘宝旭，2012）都是对硬件设施环境进行保护的必要措施。其中任何一项防范措施的疏漏都可能酿成灾祸，直接影响到系统的正常运作。2012 年 12 月 24 日，亚马逊 AWS 位于美国东部 1 区的数据中心出现故障，导致 Netflix 和 HeroKu 等网站受到影响；2011 年 8 月 6 日，亚马逊北爱尔兰柏林数据中心的变压器被闪电击中，导致 EC2 平台的多家网站中断达 2 天，造成巨大的经济损失。这些都是近年来数据中心出现的宕机事故，因此在云计算的风险预防中还不能忽略对硬件设施环境风险因素的考虑。

(8) 操作失误

在云计算复杂繁忙的业务过程中，即使是运营商自身也难免会由于疏忽产生一些不经意的风险事故。例如，在某些突发的情况下，数据未经妥善备份，同时由于服务商的意外删除，就可能导致数据丢失的严重后果（Group，2013），2011年3月，谷歌就曾因为系统管理员的操作失误，造成15万左右用户的邮件与聊天记录丢失。虽然操作失误的情况并不多，但却是无法避免的，因此操作失误也是构成云安全风险的一个重要因素。

（9）监管机制及配套设施

云计算服务由于其灵活性，在面向不同的用户需求时，往往需要执行不同的服务标准，而很多服务在缺乏监督管制的情况下经常出现疏漏而导致风险（Michlmayr et al.，2009）。CoalFire（Palanisamy，2012）在论及云端的关键风险时，曾指出企业应将云服务视为一类高风险的服务模式，建立相关的控制机制并配套监控设施，同时与云用户之间建立可信的双向信息交流机制，从而记录日常的系统事件用以解析其中存在的异常情况。

在控制机制下，管理人员将更加明确具体的安全保障工作，从而有效执行相应的安全监督。另外，监控设施也能够通过事故分析的帮助，及时清理其中的不可靠设备，准确找到原因并对设备进行维护或更换。而这一切在缺乏控制机制及配套监控设施的情况下，都难以实现，一旦出现风险事故，云服务商将不能够及时找到其中具体原因，这无疑会给企业造成不必要的经济损失，影响系统的正常运行。

（10）服务商可审查性

云计算是一项新兴的服务商业模式，服务商需要接受相关机构的审计和安全认证，才能让用户了解到服务商的安全性，若服务商拒绝或逃避相关的审计和安全认证，云服务具备灵活性特点，将会导致其在面向不同的用户需求时，往往需要执行不同的服务标准，而很多服务在缺乏监督管制的情况下经常会出现疏漏而导致风险（Michlmayr et al.，2009）。CoalFire（Palanisamy，B.，2012）在论及云端的关键风险时，曾指出企业应将云服务视为一类高风险的服务模式，建立相关的控制机制并配套监控设施，同时与云用户之间建立可信的双向信息交流机制，从而记录日常的系统事件用以解析其中存在的异常情况。

3.3　云计算安全风险属性模型的建立

本书在以上风险因素的基础上，根据它们之间的相互关系，将云计算安全风险属性划分为三个维度，最终梳理得到云计算安全的风险属性层次模型（图 3-2）。

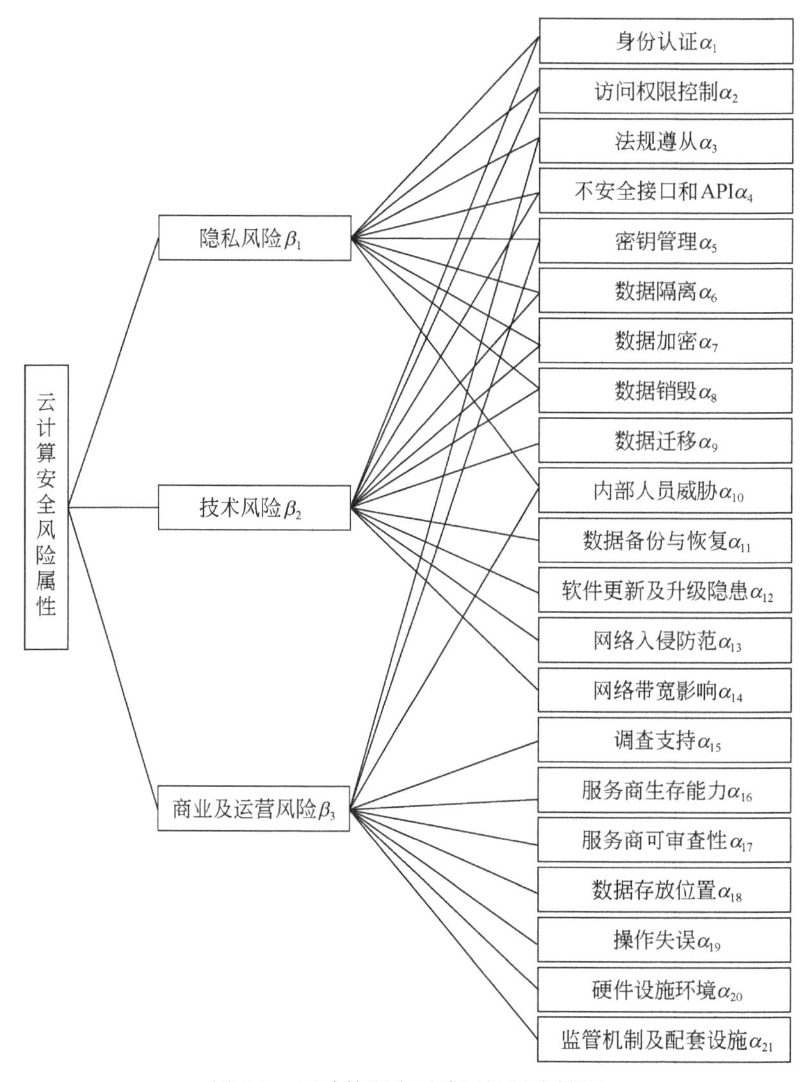

图 3-2　云计算安全风险属性层次模型

如图 3-2 所示，本书最终建立的云计算安全风险属性模型中，各风险类与底层的风险因素之间是具有交叉关系的，这与传统风险层次的划分不同。传统风险研究过程中，通常是将风险划分为几个单独的大类，忽略了对于多个风险发生随机性的考虑。

而本书所建立的风险属性层次模型，引入了对于风险发生随机性的考虑，将云计算安全风险划分为三个层次，并描述了各风险因素之间交叉的复杂关系。

第 1 层为研究的目标，即整个云计算安全风险环境；

第 2 层为风险维（或风险类），即之前所划分的三个风险维度，分别为隐私风险、技术风险、商业及运营风险，用 β_i 表示，三个维度下的风险因素之间存在交叉；

第 3 层为各风险因素，即之前梳理所得，它们是造成风险发生的重要因素，分别用 α_i 表示。

总结：由于云计算风险之间是相互独立的，具有多种发生可能状态。即当某风险发生时，它可能是单独发生也可能是与其余风险共同发生，这就存在较大的发生随机性。

因此，本书建立的风险属性模型较之以往的研究过程，更符合云计算风险的发生特点，将为之后的风险度量和评估提供切实可靠的基础。

第4章　基于信息熵和马尔可夫链的云计算安全风险度量

本章目标：

- 根据云计算安全风险属性模型，结合信息熵和马尔可夫链原理，提出对风险大小进行度量的方法。
- 建立云计算安全风险的度量模型，并对该模型进行案例分析。
- 对所提出模型的合理性进行验证，并说明模型的优势和特点。

风险度量是对风险进行有效识别和评估的重要基础，其任务主要是根据风险的发生特点对风险的大小进行量化。相比定性的风险描述，风险的度量将更能够准确地反映各风险之间的相互关系及其特征，为风险的管理决策提供重要的参考，帮助决策者找到问题的关键。

然而，风险并不像自然科学有具体的研究对象，它只是一个抽象的概念，并且具有不确定性、多态性、必然性和损失性等复杂特点，要对风险进行量化研究就必须建立一套系统的指标体系及衡量标准。可见，风险的度量并不是一项简单的研究工作，它既是本书的研究重点和创新内容，同时也是本书的研究难点。

因此，本章将在之前所提出的风险属性模型基础上，根据云计算风险的特点，结合信息熵和马尔可夫链原理提出一种对风险进行有效度量的合理方法，并建立其风险度量模型，为今后的研究奠定基础。

4.1　度量模型

传统的风险研究通常是围绕风险发生的概率及其对项目的影响两个方面综合考虑，并对风险进行量化。但是在其量化过程中，风险的发生概率及影响一般都是由专家进行估计，这就使得风险度量所得结果可能存在人为偏差较大的情况。介于此，本章拟采用信息熵的计算方法对云计算风险大小进行度量，从而有效避免在对风险发生概率及其损失影响进行估计时人为主观因素过高的弊端。

然而，由于云计算自身复杂的特点，在对其风险大小进行度量分析时，仅仅依靠信息熵理论仍然是不够的，虽然它能在一定程度上减少研究过程中人为主观估计对风险度量的影响，但是不足以满足云计算发生的所有特点，如以往的风险研究通常考虑了单个风险发生的不确定性及损失影响，但却忽略了实际过程中多个风险同时发生的随机可能状态，不能真实反映云计算过程中风险的可能发生状态，导致研究结果与真实数据之间存在偏差；另外，仅以信息熵理论作为研究基础，在理论支撑上也会显得较为单薄而得不到佐证。

因此，本章在对云计算风险进行度量时，除了运用信息熵的相关理论外，还将引入对风险相互之间关联的考虑，结合马尔可夫链原理对其风险发生的多种可能状态进行描述，从而求取在云计算服务稳定运作状态下各风险发生的稳定概率，使得所提出的风险度量模型更为符合实际过程中云计算风险发生的特点，为风险的管理提供切实客观的数据支撑。

4.1.1　云计算风险与信息熵

云计算风险的发生具有不确定性和损失性两个特征，根据这两个特征，本章将在第 3 章所建立的风险属性模型的基础上，结合信息熵原理，针对风险的大小进行有效的度量。

(1) 基于信息熵的风险不确定性度量

假设云计算过程中某风险 X_i，$i=1, 2, \cdots, n$ 发生的频率为 $P'(X_i)$，则根据信息熵原理，可以将云计算本身看作一个包含 N 个相互关联风险因素 X_i 的复杂系统，如图 4-1 所示。

当该系统中只存在一种风险因素 X_1 时，即云计算环境中只存在一种风险可能时，当风险发生时维护目标明确，风险将非常容易被维护，不需要进行风险分析。此时，根据信息熵计算公式，将风险 X_1 发生的频率 $P'(X_1)$ 进行归一化处理，得到其熵权系数 $P(X_1)=P'(X_1)/\sum_{i=1}^{1}P'(X_i)=1$，则其信息熵 $H(X)=-P(X_1)\log_2 P(X_1)=0$。

当该云计算环境下存在多种风险可能且各风险发生的频率 $P'(X_i)$ 均相等时，造成风险发生的因素较多且难以确定，对于风险的维护与控制将极难进行，

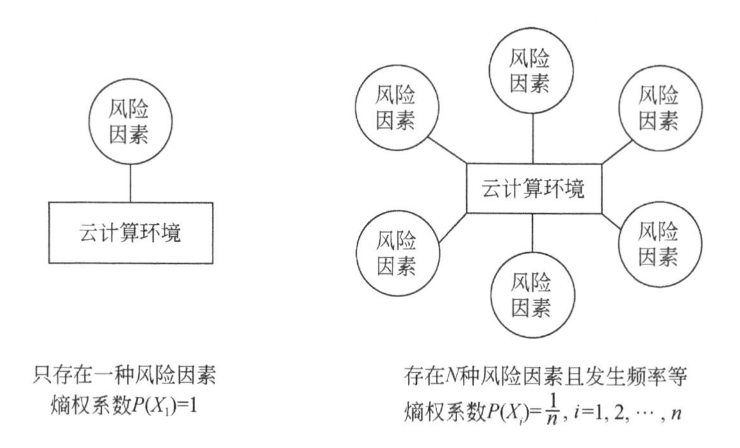

图 4-1　两种不同的云计算环境

几乎不可能维护成功。此时，将各风险发生的频率 $P'(X_i)$ 进行归一化处理，得到各风险的熵权系数 $P(X_1)=P(X_2)=$ ，…， $=P(X_n)$ ， $\sum_{i=1}^{n}P(X_i)=1$ ，则根据信息熵计算公式，其熵值将达到最大，$H(X)=\log_2 n$。

根据以上分析，可见能够用信息熵的概念来描述实际过程中云计算风险的不确定性程度，即风险熵。其计算公式如下

$$H(X)=-\sum_{i=1}^{n}P(X_i)\log_2 P(X_i) \tag{4-1}$$

式中，$P(X_i)$ 为将云计算风险发生频率 $P'(X_i)$ 进行归一化处理后所得到的熵权系数，$P(X_i)=P'(X_i)/\sum_{i=1}^{n}P'(X_i)$， $\sum_{i=1}^{n}P(X_i)=1$；$H(X)$ 为风险熵，其值越低，说明该云计算环境风险的不确定性越低，风险的控制目标明确，对于风险的维护与控制将越容易，反之，其值越高，则说明该云计算环境风险的不确定性越高，对于风险的维护与控制将越困难。

然而，在实际情况中，复杂的云环境下几乎不可能只存在一种风险或出现风险发生频率均等的情况，也就意味着其熵值几乎不可能达到最大值或最小值。因此，实际过程中云计算的风险熵总是位于其最大值和最小值之间（0，$\log_2 n$），它反映了云计算环境下所存在风险的不确定性程度，风险的不确定性程度越高，风险维护控制的难度越大，所需要耗费的时间和财力就更多。

（2）基于熵权的风险损失影响度量

以上根据云计算风险发生的频率，套用信息熵公式提出了风险熵的概念，用于定量地描述实际过程中风险的不确定性程度（维护管理控制难度）。

然而，仅依靠风险熵还并不能够作为实际过程中风险大小度量的标准。这是因为云计算风险的发生除了具有不确定性外，还存在必然性和损失性的特征。这就要求在对云计算风险进行量化分析的过程中，除了考虑其发生的不确定性外，还需要考虑该风险发生后对项目所造成的损失不确定性。

根据本书所提出的风险属性模型，假设在某云计算环境下共包含 n 类风险 β_i，$i=1$，2，…，n，各类风险下分别包含 m 个风险因素 α_j，$i=1$，2，…，m。这些风险因素发生的频率及其对项目的影响都各不相同。因此，为了能够有效准确地将各类风险进行定量对比，在计算其损失程度时，拟采用如下公式所示的方法

$$C(\beta_i)=\sum_{j=1}^{m}C(\alpha_j)P(\beta_i,\ \alpha_j) \tag{4-2}$$

其中，$C(\alpha_j)$ 为第 j 项风险因素对项目可能造成的损失影响程度，其值越大，说明该风险发生时对项目所造成的损失越大；$P(\beta_i,\ \alpha_j)$ 为类熵权系数，表示第 α_j 项风险因素相对于第 β_i 类风险的熵权系数，$\sum_{j=1}^{m}P(\beta_i,\ \alpha_j)=1$。

如公式（4-2）所示，依次将风险 α_j 的熵权系数和损失权重相乘并求和便能得到 $C(\beta_i)$，该值即表示第 β_i 类风险对于整个云计算项目的损失影响程度。其值越大说明该类风险发生时，对于项目损失影响越大；反之，其值越小则说明该类风险出现时，对于项目所造成的损失影响越小。

例：以某类风险 β_1 为例，假设该类风险共包含 m 个风险因素 α_1，α_2，…，α_m，其中各风险因素 α_j 在该类风险下所对应的熵权系数分别为 $P(\beta_1,\ \alpha_j)=(P(\beta_1,\ \alpha_1),\ P(\beta_1,\ \alpha_2),\ \cdots,\ P(\beta_1,\ \alpha_m))$，$\sum_{j=1}^{m}P(\beta_1,\ \alpha_j)=1$，见表 4-1。则 β_1 类风险的损失权重为 $C(\beta_1)=\sum_{j=1}^{m}C(\alpha_j)P(\beta_1,\ \alpha_j)$；同理，可以求得其他风险类 β_i 的损失程度 $C(\beta_i)$，通过 $C(\beta_i)$ 的比较将能够反映各类风险对项目的损失影响程度。

表 4-1　风险类 X_1 下各风险因素的损失程度及熵权系数

风险类	风险因素	损失权重	熵权系数
β_1	α_1	$C(\alpha_1)$	$P(\beta_1, \alpha_1)$
	α_2	$C(\alpha_2)$	$P(\beta_1, \alpha_2)$
	$\vdots$	$\vdots$	$\vdots$
	α_m	$C(\alpha_m)$	$P(\beta_1, \alpha_m)$

4.1.2　云计算风险与马尔可夫链

在实际过程中引发云计算风险的因素有很多，而这些风险因素之间均是相互独立的，这就决定了云计算风险发生的随机性。当某个风险发生时它可能单独发生，也可能与其余风险同时出现，存在多种可能的随机状态。

因此，为了能够准确描述整个云计算的安全风险，本书拟采用马尔可夫链的研究方法，结合本书所提出的风险因素，根据它们之间的相互关联对整个云计算风险的发生状态进行描述，进而通过定量分析得到在稳定状态下各类风险的发生概率（即风险的稳态概率）。

根据马尔可夫链原理，要计算稳定状态下云计算风险的稳态概率，首先必须了解各类风险 β_i 及其各风险因素 α_j 之间的相互关系，此书在第 3 章通过梳理已经建立了相应的风险属性模型，并将云计算安全风险划分为了三个层次，分别是研究目标层（云计算安全风险）、风险类层 β_i 及风险因素层 α_j，其形式如图 4-2 所示。

在云计算安全风险属性中，第 3 层的各风险因素之间是相互独立的，它与第 2 层风险类之间具有复杂的交叉关系。因此，当某风险因素 α_j 发生时，它可能同时引发多类风险 β_i，$i=1, 2, \cdots, n$，也可能只引发一类风险 β_1，这取决于风险因素相互之间的关联。如图 4-2 所示，风险因素 α_1 出现时只会引发风险类 β_1，但风险因素 α_2 出现时将会同时引发风险类 β_1 和 β_2。

在梳理完云计算安全风险属性间的相互关系后，根据马尔可夫链原理建立得到如下矩阵：

$$Q_{nn}=\begin{bmatrix}\beta_{11} & \beta_{12} & \cdots & \beta_{1n}\\ \beta_{21} & \beta_{22} & \cdots & \beta_{2n}\\ \vdots & \vdots & \ddots & \vdots\\ \beta_{n1} & \beta_{n2} & \cdots & \beta_{nn}\end{bmatrix}$$

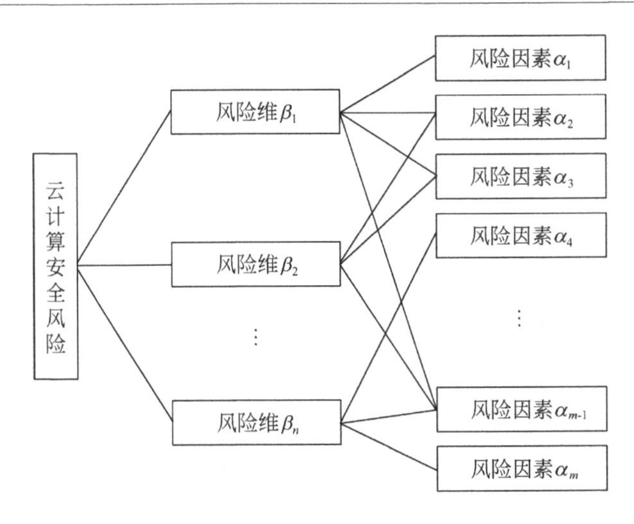

图4-2　云计算安全风险属性层次图

式中，对角线上元素β_{ii}为第i类风险单独发生的频率大小，其值取决于引发该类风险单独发生的所有风险因素威胁频率之和；非对角线上元素β_{ij}，$i \neq j$为第i类风险发生时第j类风险同时发生的频率大小，其值取决于同时引发第i类和第j类风险的所有风险因素威胁频率之和。

根据以上描述，假设在稳定运营的云计算状态下，各类风险发生的稳态概率分别为$P(\beta_i)=(P(\beta_1), P(\beta_2), \cdots, P(\beta_n))$，$\sum_{i}^{n} P(\beta_i)=1$。则它们与转移矩阵$Q_{nn}$之间存在如下关系：

$$\begin{cases} P(\beta_1)=\beta_{11}P(\beta_1)+\beta_{21}P(\beta_2)+\cdots+\beta_{n1}P(\beta_n) \\ P(\beta_2)=\beta_{12}P(\beta_1)+\beta_{22}P(\beta_2)+\cdots+\beta_{n2}P(\beta_n) \\ P(\beta_3)=\beta_{13}P(\beta_1)+\beta_{23}P(\beta_2)+\cdots+\beta_{n3}P(\beta_n) \\ \vdots \\ P(\beta_n)=\beta_{1n}P(\beta_1)+\beta_{2n}P(\beta_2)+\cdots+\beta_{nn}P(\beta_n) \end{cases} \tag{4-3}$$

通过求解以上方程组，能够得到图4-2模型中第2层各类风险的稳态概率$P(\beta_i)$，$i=1, 2, \cdots, n$，$\sum_{i=1}^{n} P(\beta_i)=1$。该值的计算引入了风险之间相互关联的考虑，更能够准确地反映实际过程中云计算安全风险的发生状态：当$P(\beta_i)$越大时，则说明在长期稳定的云计算运营状态下，该类风险较其余风险出现的概率越大，是当前云计算环境下威胁频率最高的风险；反之，当$P(\beta_i)$越小时，则说明该类风险出现的概率越小，在实际的云计算服务过程中该风险出现的可能性越小。

如上所述，将云计算的安全风险划分为不同的维度时，在各维度之间将会存在交叉的风险因素，此时结合马尔可夫链原理将能够计算得到稳定状态下各类风险出现的概率 $P(\beta_i)$。

4.1.3　云计算安全风险的度量过程

根据以上论述，本书结合信息熵和马尔可夫链的原理，分别提出了对风险不确定性、损失影响及风险类稳态概率的计算方法。接下来将把这些方法代入云计算安全风险的度量过程中。

（1）第 1 步：为底层的各风险因素 α_i 进行评估赋值

由于云计算风险是抽象的概念，要对整个云计算系统的风险进行度量，只能从最底层的风险因素 α_i 开始逐层进行量化分析。本书拟采用专家赋值的方法，由 15 名熟悉该领域的专家进行评估，分别对各风险因素 α_i 的威胁频率和损失影响进行赋值。

如表 4-2 和表 4-3 所示，本书依据云计算风险发生的特点，建立了底层各风险因素 α_j 威胁频率 $P(\alpha_i)$ 及损失影响 $C(\alpha_i)$ 的评估等级表。

表 4-2　威胁频率 $P(\alpha_i)$ 的评估等级表

数值	级别	具体定义
5	非常高	该风险因素对项目的威胁频率极高，实际情况中难以避免
4	高	该风险因素对项目的威胁频率较高，在大多数情况下都会发生
3	中等	该风险因素对项目的威胁频率一般，在实际运作中较为常见
2	低	该风险因素对项目的威胁频率较低，在很少数情况下会发生
1	非常低	该风险因素对项目的威胁频率极低，在实际情况中几乎不会发生

表 4-3　损失影响 $C(\alpha_i)$ 的评估等级表

数值	损失程度	具体定义
5	非常高	该风险因素所引发的风险将会造成难以挽救的毁灭性损失
4	高	该风险因素对项目的损失影响较大，维护困难、所需消耗较高
3	中等	该风险因素对项目造成的经济损失与影响一般
2	低	该风险因素对项目的损失影响较小，维护简单、所需消耗较少
1	非常低	该风险因素对项目的损失影响可以忽略，几乎不需要维护

1）威胁频率：指在长期运作过程中，某风险因素对于云计算安全的威胁频率。其值越大，说明该因素存在（或缺少该因素）的情况下，云计算风险发生的可能越大；反之，说明该因素存在（或缺少该因素）的情况下，云计算风险发生的可能越低。

2）损失影响：指该风险因素所引发风险对项目的损失影响程度。其值越大，说明该风险因素对于项目收益或损失的影响程度越大；反之，说明该风险因素对于项目收益或损失的影响程度越低。

根据以上表格的划分，分别将威胁频率 $P(\alpha_i)$ 和损失影响 $C(\alpha_i)$ 划分为5个等级（1，2，3，4，5）。相应地，专家们则通过表中的具体定义对这些风险因素进行评估，最终根据所有专家的评估分布情况$\boldsymbol{P}_{i\times j}$和$\boldsymbol{C}_{i\times j}$，求取其均值作为各风险因素 $P(\alpha_j)$ 和 $C(\alpha_j)$ 的权重值，如下所示：

$$\boldsymbol{P}_{i\times j}=\begin{bmatrix} P_{11} & P_{12} & \cdots & P_{15} \\ P_{21} & P_{22} & \cdots & P_{25} \\ \vdots & \vdots & \ddots & \vdots \\ P_{n1} & P_{n2} & \cdots & P_{n5} \end{bmatrix} \quad \boldsymbol{C}_{i\times j}=\begin{bmatrix} C_{11} & C_{12} & \cdots & C_{15} \\ C_{21} & C_{22} & \cdots & C_{25} \\ \vdots & \vdots & \ddots & \vdots \\ C_{n1} & C_{n2} & \cdots & C_{n5} \end{bmatrix}$$

矩阵中P_{ij}和C_{ij}分别表示 $P(\alpha_i)$ 和 $C(\alpha_i)$ 的专家评估分布情况，$i=1$，2，…，n，分别代表各风险因素，$j=1$，2，3，4，5，表示评估的等级，每行数值相加等于专家总数15，通过如下公式进行计算便能得到各风险因素 $P(\alpha_j)$ 和 $C(\alpha_j)$ 的权重值：

$$\begin{gathered} \begin{bmatrix} P(\alpha_1) \\ P(\alpha_2) \\ \cdots \\ P(\alpha_n) \end{bmatrix}=\begin{bmatrix} P_{11} & P_{12} & \cdots & P_{15} \\ P_{21} & P_{22} & \cdots & P_{25} \\ \vdots & \vdots & \ddots & \vdots \\ P_{n1} & P_{n2} & \cdots & P_{n5} \end{bmatrix}\begin{bmatrix} 1/15 \\ 2/15 \\ \vdots \\ 5/15 \end{bmatrix} \\ \begin{bmatrix} C(\alpha_1) \\ C(\alpha_2) \\ \cdots \\ C(\alpha_n) \end{bmatrix}=\begin{bmatrix} C_{11} & C_{12} & \cdots & C_{15} \\ C_{21} & C_{22} & \cdots & C_{25} \\ \vdots & \vdots & \ddots & \vdots \\ C_{n1} & C_{n2} & \cdots & C_{n5} \end{bmatrix}\begin{bmatrix} 1/15 \\ 2/15 \\ \vdots \\ 5/15 \end{bmatrix} \end{gathered} \tag{4-4}$$

式中，$P_{ij}=[P_{i1}, P_{i2}, P_{i3}, P_{i4}, P_{i5}]$，为专家对第 i 项风险因素威胁频率的评估分布情况；$C_{ij}=[C_{i1}, C_{i2}, C_{i3}, C_{i4}, C_{i5}]$ 为专家对第 i 项风险因素损失影响的评估分布情况；$P(\alpha_i)$ 和 $C(\alpha_i)$，分别为对第3层各风险因素的发生频率和损失影

响权重，值域为［1，5］。

（2）第2步：按照风险属性层次的划分，对不同维度的风险类进行度量

在得到底层各风险因素威胁频率 $P(\alpha_j)$ 和损失影响 $C(\alpha_j)$ 的评估权重后，对风险属性模型中的第2层各风险类进行分析。本书将云计算风险分别划分为了隐私风险、技术风险、运营及管理风险三个维度，并在这三个维度下分别提出了若干风险因素。

为了能够降低评估过程中人为主观的偏差影响，在对这些风险类进行度量时，将结合信息熵的计算方法进行度量。根据信息熵原理，首先需要按照风险类的划分将各风险因素进行归一化处理，得到各风险因素相对于第 β_i 类风险的熵权系数 $P(\beta_i, \alpha_j)$。

如下公式所示，将第 β_i 类风险下的 m 个风险因素进行归一化处理：

$$P(\beta_i, \alpha_j) = \frac{1}{\sum_{j=1}^{m} P(\alpha_j)} P(\alpha_j) \tag{4-5}$$

式中，$P(\beta_i, \alpha_j)$ 为各风险因素的类熵权系数，表示第 β_i 类风险下第 α_j 风险因素所占的熵权系数。如公式所示，即使是同一个风险因素，在不同的风险类下也将具有不同的熵权系数。

（3）第3步：计算各类风险的损失影响程度 $C(\beta_i)$ 和不确定性程度 $H(\beta_i)$

对于各风险类损失影响程度 $C(\beta_i)$ 的计算，已在公式（4-2）中进行了说明。而对于各风险类的不确定性程度计算，则可以根据信息熵原理，将第2步计算所得到的 $P(\beta_i, \alpha_j)$ 代入信息熵公式中：

$$H(\beta_i) = -\frac{1}{\log_2 m} \sum_{j=1}^{m} P(\beta_i, \alpha_j) \log_2 P(\beta_i, \alpha_j) \tag{4-6}$$

式中，$H(\beta_i)$ 为云计算环境下第 β_i 类风险的不确定性程度，其值越大则表示该类风险所包含的不确定性程度越大，说明对于此类风险的维护与控制将更为困难，反之，说明其不确定性越低，风险的管理与维护更容易。

（4）第4步：结合马尔可夫链原理，计算稳定状态下各类风险发生的稳态概率 $P(\beta_i)$

根据本书所划分的三个维度，在计算各类风险发生的稳态概率时，首先需要建立各类风险之间的转移矩阵：

$$\begin{bmatrix} \beta_{11} & \beta_{12} & \beta_{13} \\ \beta_{21} & \beta_{22} & \beta_{23} \\ \beta_{31} & \beta_{32} & \beta_{33} \end{bmatrix}$$

式中，对角线上元素 β_{11}，β_{22}，β_{33} 分别为隐私风险、技术风险、运营及管理风险单独发生的频率，即只会引发该类风险的风险因素的威胁频率之和；非对角线上元素为两两风险同时发生的频率，即可能会引发两类风险同时发生的风险因素的威胁频率之和。

将三类风险发生的稳态概率设置为 $P(\beta_i)$，$i=1, 2, 3$，并将其代入公式（4-4）中，便能够通过求解方程组得到各类风险发生的稳态概率。

（5）第 5 步：对目标层进行度量

对目标层进行度量，即对整个云计算风险环境的不确定性程度 $H(A)$ 和损失影响程度 $C(A)$ 进行度量

从不同维度对云计算安全风险进行分析后，为了能够参照地对比，将针对整个云计算风险环境的不确定性 $H(A)$ 和损失影响 $C(A)$ 进行分析。根据之前所提出的不确定性和损失影响程度计算方法，得到整个云计算风险环境的 $H(A)$ 和 $C(A)$ 计算公式：

$$H(A) = -\frac{1}{\log_2 m}\sum_{j=1}^{m} P(A, \alpha_j)\log_2 P(A, \alpha_j) \tag{4-7}$$

式中，$P(A, \alpha_j)$ 为各风险因素的全局熵权系数，表示第 α_j 项风险因素相对于整个云计算风险环境所占的熵权系数，它的计算方法如下：

$$P(A, \alpha_j) = \frac{1}{\sum_{j=1}^{n} P(\alpha_j)} P(\alpha_j) \tag{4-8}$$

其中，n 为整个云计算风险环境所包含的风险因素数量。归一化处理后，$\sum_{j=1}^{n} P(A, \alpha_j) = 1$。

而整个云计算风险环境的损失影响程度为

$$C(A) = \sum_{j=1}^{n} P(A, \alpha_j) C(\alpha_j) \tag{4-9}$$

$H(A)$ 和 $C(A)$ 分别表示整个云计算风险环境的不确定性程度和损失影响程度，其值与之前所描述的 $H(\beta_i)$ 和 $C(\beta_i)$ 具有相同的含义，只是在描述的范围上有所不同。

4.1.4　云计算安全风险的度量模型

综上所述，整个云计算安全风险的度量模型如图 4-3 所示。

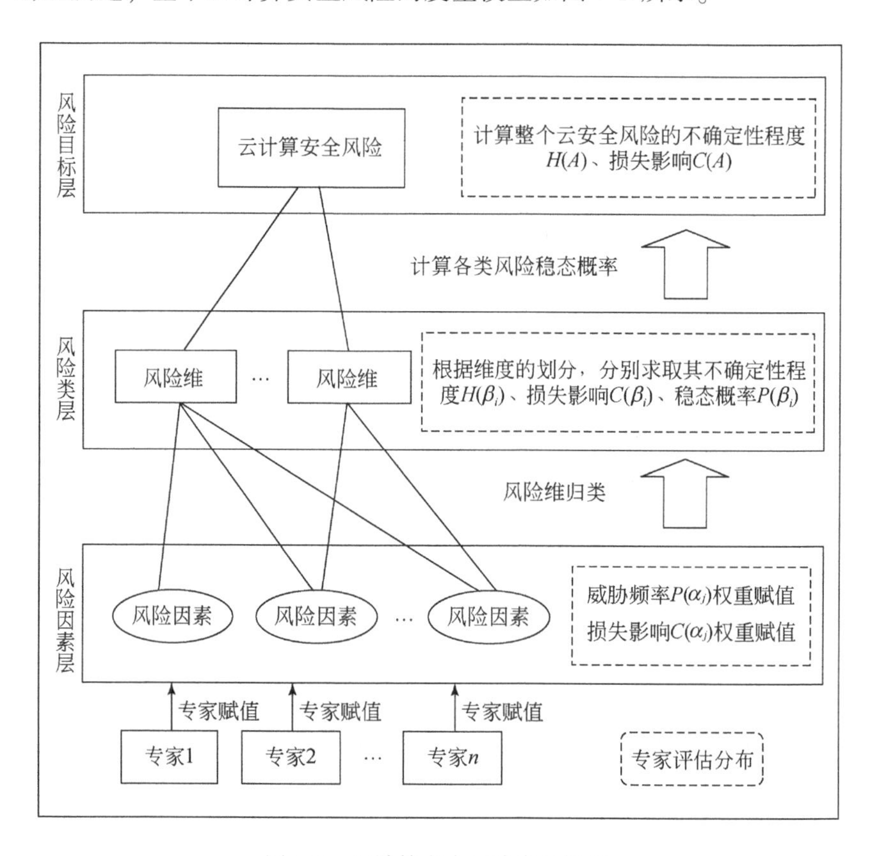

图 4-3　云计算安全风险度量模型

整个云计算安全风险的度量建立在之前所提出的风险属性模型基础上，共包含三个层次，它们分别是：

1）风险因素层：由专家进行打分为底层各风险因素 α_j 的威胁频率 $P(\alpha_j)$ 和损失程度 $C(\alpha_j)$ 进行赋值。

2）风险类层：结合信息熵和马尔可夫链原理，将云计算划分为不同的维度进行分析，并分别计算各风险类的不确定性程度 $H(\beta_i)$、损失影响 $C(\beta_i)$ 和稳态概率 $P(\beta_i)$。

3）风险目标层：最终确定整个云计算安全的不确定性程度 $H(A)$ 和损失影响 $C(A)$。

如上所述，其度量过程是一种由下而上的度量方法，从最底层的风险因素开始展开定量研究，逐层向上，最终从不同层次、不同维度上实现对整个云计算安全风险的度量。

4.2 案例研究

4.2.1 案例研究过程

针对所提出的度量模型，本节拟对某公司电子商务平台的云计算环境进行度量研究，其具体过程如下：

（1）第 1 步

根据云计算的安全风险属性模型，从最底层的风险因素开始进行量化研究。在这里，本研究聚集了 15 名熟悉该领域的专家，按照表 4-2 和表 4-3 的权重等级，对第 3 层风险因素的发生频率及损失权重进行评估。所得到的评估结果见表 4-4。

表 4-4　云计算风险因素 α_j 评估结果

α_j	发生频率权重评估结果分布					损失影响权重评估结果分布				
	1	2	3	4	5	1	2	3	4	5
身份认证	0	4	9	2	0	0	1	11	3	0
访问权限控制	0	1	12	2	0	0	1	13	1	0
法规遵从	4	11	0	0	0	1	5	6	3	0
调查支持	7	8	0	0	0	4	9	2	0	0
密钥管理	0	3	10	2	0	0	5	7	3	0
数据隔离	0	2	8	5	0	0	4	9	2	0
数据加密	0	2	6	5	2	0	0	7	7	1
数据销毁	1	12	2	0	0	1	4	7	3	0
数据迁移	1	11	3	0	0	0	3	12	0	0

续表

α_j	发生频率权重评估结果分布					损失影响权重评估结果分布				
	1	2	3	4	5	1	2	3	4	5
数据备份与恢复	3	12	0	0	0	1	8	3	3	0
内部人员威胁	0	2	8	4	1	0	1	7	5	2
软件更新及升级隐患	0	0	8	4	3	2	9	4	0	0
网络恶意攻击	0	3	11	1	0	3	6	6	0	0
不安全接口和 API	0	1	10	4	0	0	1	9	5	0
服务商生存能力	13	2	0	0	0	0	0	1	11	3
数据存放位置	4	11	0	0	0	4	11	0	0	0
服务商可审查性	5	10	0	0	0	2	2	8	3	0
操作失误	0	0	5	6	4	2	10	3	0	0
硬件设施环境	3	12	0	0	0	0	0	5	8	2
监管机制及配套设施	0	15	0	0	0	2	8	4	1	0
网络带宽影响	0	0	2	8	5	11	3	1	0	0

最终经过计算获得表4-5 所示的结果。

表 4-5　各风险因素发生频率权重 $P(\alpha_j)$ 和损失影响权重 $C(\alpha_j)$

α_j	$P(\alpha_j)$	$C(\alpha_j)$
身份认证	2.867	3.133
访问权限控制	3.067	3.000
法规遵从	1.733	2.733
调查支持	1.533	1.867
密钥管理	2.933	2.867
数据隔离	3.200	2.867
数据加密	3.467	3.600
数据销毁	2.067	2.800
数据迁移	2.133	2.800
数据备份与恢复	1.800	2.533
内部人员威胁	3.267	3.533
软件更新及升级隐患	3.667	2.133
网络恶意攻击	2.867	2.200
不安全接口和 API	3.200	3.267
服务商生存能力	1.133	4.133
数据存放位置	1.733	1.733
服务商可审查性	1.667	2.800

续表

α_j	$P(\alpha_j)$	$C(\alpha_j)$
操作失误	3.933	2.067
硬件设施环境	1.800	3.800
监管机制及配套设施	2.000	2.267
网络带宽影响	4.200	1.333

$P(\alpha_j)$ 和 $C(\alpha_j)$ 的值越高，说明该风险因素 α_j 对项目的威胁频率和损失影响程度越高。

（2）第 2 步

根据云计算安全风险属性模型的划分，分别从隐私风险、技术风险、运营及管理风险三个维度展开分析，将以上风险因素分别归类，并按照公式（4-5）进行归一化处理，得到如下结果。

a. 隐私风险

隐私风险因素如图 4-4 所示，隐私风险因素熵权系参见表 4-6，其中共涉及 9 个隐私风险因素，$P(\beta_1, \alpha_j)$ 表示第 α_j 项风险因素相对于云计算隐私安全 β_1 的熵权系数，$\sum_{j=1}^{9} P(\beta_1, \alpha_j) = 1$。

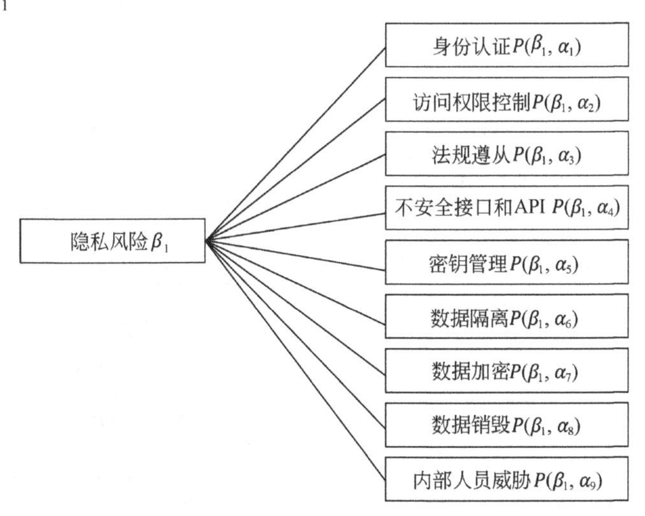

图 4-4　隐私风险因素

表 4-6 隐私风险因素熵权系数

隐私风险因素	$P(\alpha_j)$	$P(\beta_1, \alpha_j)$
身份认证	2. 867	0. 111
访问权限控制	3. 067	0. 119
法规遵从	1. 733	0. 067
不安全接口和 API	3. 200	0. 124
密钥管理	2. 933	0. 114
数据隔离	3. 200	0. 124
数据加密	3. 467	0. 134
数据销毁	2. 067	0. 080
内部人员威胁	3. 267	0. 127

b. 技术风险

技术风险因素如图 4-5 所示，技术风险因素熵权系数见表 4-7，其中共涉及 11 个技术风险因素，$P(\beta_2, \alpha_j)$ 表示第 α_j 项风险因素相对于云计算技术安全 β_2 的熵权系数，$\sum_{j=1}^{11} P(\beta_2, \alpha_j) = 1$。

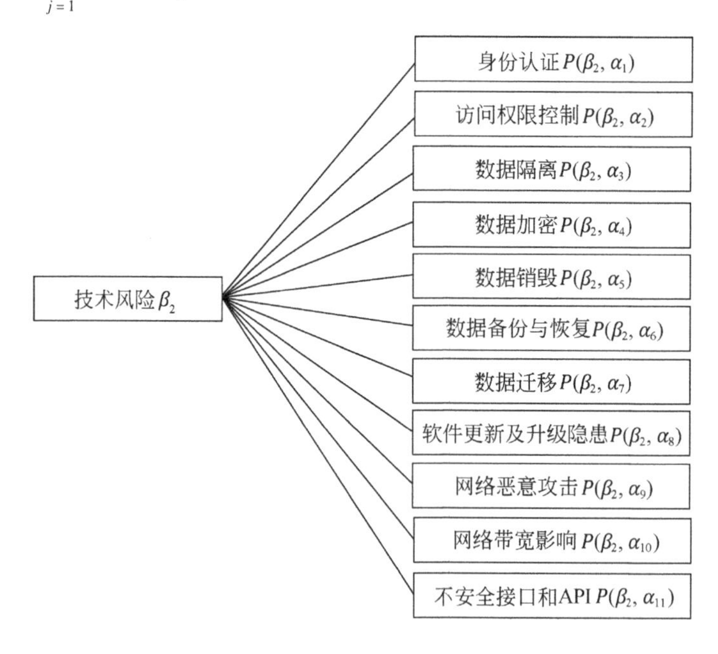

图 4-5 技术风险因素

表 4-7　技术风险因素熵权系数

技术风险因素	$P(\alpha_j)$	$P(\beta_2,\ \alpha_j)$
身份认证	2.867	0.088
访问权限控制	3.067	0.094
数据隔离	3.200	0.098
数据加密	3.467	0.107
数据销毁	2.067	0.064
数据迁移	2.133	0.066
数据备份与恢复（数据容灾）	1.800	0.055
软件更新及升级隐患	3.667	0.113
网络恶意攻击	2.867	0.088
网络带宽影响	4.200	0.129
不安全接口和 API	3.200	0.098

c. 商业及运营风险

商业及运营风险因素如图 4-6 所示，其熵权系数见表 4-8。其中共涉及 10 个运营风险因素，$P(\beta_3,\ \alpha_j)$ 表示第 α_j 项风险因素相对于云计算商业及运营安全 β_3 的熵权系数，$\sum_{j=1}^{10} P(\beta_3,\ \alpha_j) = 1$。

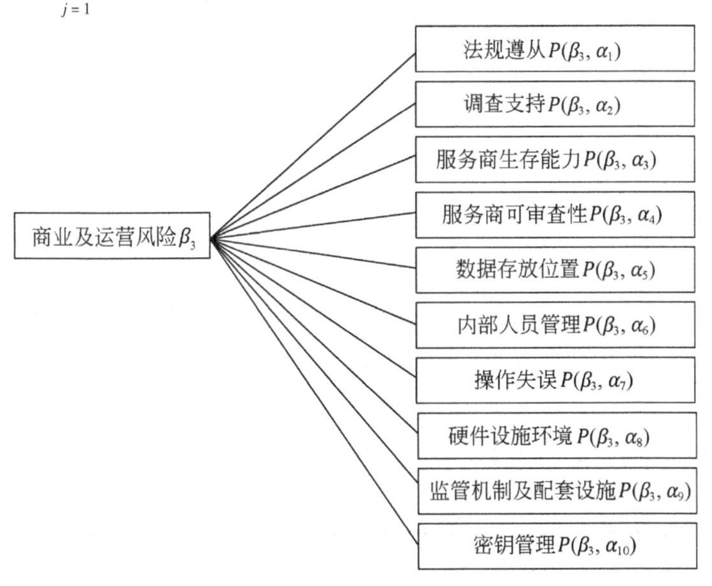

图 4-6　商业及运营风险因素

表 4-8　商业及运营风险因素熵权系数

商业及运营风险因素	$P(\alpha_j)$	$P(\beta_3,\ \alpha_j)$
法规遵从	1.733	0.080
调查支持	1.533	0.070
服务商生存能力	1.133	0.052
服务商可审查性	1.733	0.080
数据存放位置	1.667	0.077
内部人员管理	3.267	0.150
操作失误	3.933	0.181
硬件设施环境	1.800	0.083
监管机制及配套设施	2.000	0.092
密钥管理	2.933	0.135

(3) 第 3 步

根据公式（4-2）和公式（4-6）依次计算各类风险的损失期望值 $C(\beta_i)$ 和不确定性程度 $H(\beta_i)$。

各类风险的损失影响程度 $C(\beta_i)$ 计算过程分别如下。

隐私风险：$C(\beta_1) = \sum_{j=1}^{9} P(\beta_1,\ \alpha_j)C(a_j) = 3.130$

技术风险：$C(\beta_2) = \sum_{j=1}^{11} P(\beta_2,\ \alpha_j)C(a_j) = 2.643$

商业及运营风险：$C(\beta_3) = \sum_{j=1}^{10} P(\beta_3,\ \alpha_j)C(a_j) = 2.790$

$C(\beta_1)$、$C(\beta_2)$、$C(\beta_3)$ 分别描述了隐私风险、技术风险、商业及运营风险三个维度对项目所造成的损失影响。其值越大，说明该类风险对于项目的损失影响越大。

各类风险熵 $H(\beta_i)$ 计算过程分别如下。

隐私风险：$H(\beta_1) = -\frac{1}{\log_2 9}\sum_{j=1}^{9} P(\beta_1,\ \alpha_j)\log_2 P(\beta_1,\ \alpha_j) = 0.991$

技术风险：$H(\beta_2) = -\frac{1}{\log_2 11}\sum_{j=1}^{11} P(\beta_2,\ \alpha_j)\log_2 P(\beta_2,\ \alpha_j) = 0.988$

商业及运营风险：$H(\beta_3)=-\frac{1}{\log_2 10}\sum_{j=1}^{10}P(\beta_3,\ \alpha_j)\log_2 P(\beta_3,\ \alpha_j)=0.969$

$H(\beta_1)$、$H(\beta_2)$、$H(\beta_3)$ 分别描述了隐私风险、技术风险、商业及运营风险的不确定性程度。根据本书对风险熵的定义，$H(\beta_i)$ 越大，说明该风险不确定性程度越高，包含的风险因素越复杂，风险维护所需要花费的时间和财力越多。

（4）第4步

根据风险属性模型的划分，结合马尔可夫链原理，假设以上三类风险在云计算稳定运作状态下发生的概率分别为 $P(\beta_1)$、$P(\beta_2)$、$P(\beta_3)$，则它们之间的转移矩阵如下。

$$\beta_{33}=\begin{bmatrix}\beta_{11} & \beta_{12} & \beta_{13}\\ \beta_{21} & \beta_{22} & \beta_{23}\\ \beta_{31} & \beta_{32} & \beta_{33}\end{bmatrix}=\begin{bmatrix}0.000 & 0.826 & 0.174\\ 0.750 & 0.250 & 0.000\\ 0.365 & 0.000 & 0.635\end{bmatrix}$$

根据公式（4-3）求解方程组，依次得到

$$P(\beta_1)=0.381,\ P(\beta_2)=0.437,\ P(\beta_3)=0.182$$

它们分别表示在长期稳定状态下隐私风险、技术风险、商业及运营风险对云计算安全的威胁频率，$\sum_{1}^{3}P(\beta_1)=1$。其值越大，说明该类风险对于云计算安全的威胁频率越高。

（5）第5步

根据公式（4-7）～公式（4-9），求取整个云计算安全的不确定性程度$H(A)$和损失影响程度 $C(A)$，计算步骤如下。

求取各风险因素 α_j 相对于整个云计算安全的熵权系数 $P(A,\ \alpha_j)$（表4-9）。

表4-9　各风险因素全局熵权系数 $P(A,\ \alpha_j)$

α_j	$P(\alpha_j)$	$P(A,\ \alpha_j)$
身份认证	2.867	0.053
访问权限控制	3.067	0.057
法规遵从	1.733	0.032
不安全接口和API	3.200	0.059
密钥管理	2.933	0.054
数据隔离	3.200	0.059

续表

α_j	$P(\alpha_j)$	$P(A,\ \alpha_j)$
数据加密	3.467	0.064
数据迁移	2.067	0.038
数据销毁	2.133	0.039
内部人员威胁	3.267	0.060
数据备份与恢复	1.800	0.033
软件更新及升级隐患	3.667	0.068
网络恶意攻击	2.867	0.053
网络带宽影响	4.200	0.077
调查支持	1.533	0.028
可审查性	1.667	0.032
服务商生存能力	1.133	0.021
数据存放位置	1.733	0.031
操作失误	3.933	0.072
硬件设施环境	1.800	0.033
监管机制及配套设施	2.000	0.037

将各风险因素的全局熵权系数 $P(A,\ \alpha_j)$ 代入公式（4-7）中进行计算，得到整个云计算风险环境的不确定性程度

$$H(A) = -\frac{1}{\log_2 21}\sum_{j=1}^{21} P(A,\ \alpha_j)\log_2 P(A,\ \alpha_j) = 0.981$$

根据公式（4-9）求取整个云计算安全风险的损失影响程度

$$C(A) = \sum_{j=1}^{21} P(A,\ \alpha_j)C(\alpha_j) = 2.708$$

4.2.2 研究结果分析

经过以上的步骤，本节从不同层次、不同维度对云计算安全风险进行了分析，经过梳理得到如表 4-10 所示结果。

表 4-10　度量结果对比

	不确定性程度 $H(A)$	损失影响程度 $C(A)$	
整个云计算风险环境	$H(A)=0.981$	$C(A)=2.708$	
不同维度风险	不确定性程度 $H(\beta_i)$	损失影响程度 $C(\beta_i)$	威胁频率 $P(\beta_i)$
隐私风险	$H(\beta_1)=0.991$	$C(\beta_1)=3.130$	$P(\beta_1)=0.381$
技术风险	$H(\beta_2)=0.988$	$C(\beta_2)=2.643$	$P(\beta_2)=0.437$
商业及运营风险	$H(\beta_3)=0.969$	$C(\beta_3)=2.790$	$P(\beta_3)=0.182$

（1）不确定性程度 $H(\beta_i)$ 的对比

不确定性程度反映了风险的维护与控制难度，不确定性程度越高，风险发生的原因越不突出，风险的维护与控制将越困难。如表 4-10 中所示，隐私风险、技术风险、商业及运营风险的不确定性程度依次为 $H(\beta_1)=0.991$，$H(\beta_2)=0.988$，$H(\beta_3)=0.969$。通过对比能够发现，其中只有商业及运营管理风险的不确定性程度 $H(\beta_3)$ 相对较低，而隐私风险和技术风险的不确定性程度 $H(\beta_1)$ 和 $H(\beta_2)$ 较之整个云计算风险环境的不确定性程度 $H(A)$ 都要高。

这说明相对于隐私风险因素和技术风险因素，商业及运营风险因素是目前相对比较好控制的，当风险发生时能够较为明确、直接地找到风险发生的原因，从而进行维护。相比较，技术风险因素和隐私风险因素却并不好把握，说明要保证当前云计算服务的安全，从商业及运营管理的角度进行改善是最为容易和直接的途径。

（2）威胁频率 $P(\beta_i)$ 的对比

$P(\beta_i)$，$i=1$，2，3，反映了不同维度风险对于整个云计算安全的威胁频率。如表 4-10 所示，$P(\beta_1)=0.381$，$P(\beta_2)=0.437$，$P(\beta_3)=0.182$。其中，以技术风险和隐私风险出现的频率较高，运营及管理风险出现的频率较低，说明在该云计算长期稳定的服务过程中，技术风险是最为常见的风险，这一点与几乎所有的技术产品风险一样，技术因素永远都是威胁到整个系统运作服务安全的主要因素。

(3) 损失影响程度 $C(\beta_i)$ 的对比

除了威胁频率的对比，本书还对不同维度的风险损失影响程度进行了对比，已知各类风险的损失影响程度分别为 $C(\beta_1)=3.130$，$C(\beta_2)=2.643$，$C(\beta_3)=2.790$。通过观察能够发现其中 $C(\beta_1)$ 远大于其他两项，这说明相对于技术的安全保证和运营管理规范而言，用户的隐私安全是最为重要的，一旦用户的隐私受到影响，整个云计算项目的损失将是最大的。

而站在技术的角度进行分析，$C(\beta_2)$ 值却是最小的，说明虽然引发云计算技术风险的因素较多，出现的频率也最高，但是对于云计算安全的保护而言，支持系统运作的技术支撑却并不是最关键的，同时商业及管理措施的调整也应该重点考虑用户的隐私保护。

综上所述，本书提出了云计算不确定性程度、威胁频率和损失影响程度的度量方法，并结合风险的安全属性模型从隐私、技术、商业及运营 3 个维度对云计算安全进行了度量研究，提出了云计算风险的度量模型，并代入具体案例中进行了量化分析，可以发现所得的度量结果对于整个云计算安全风险环境起到了很好的解释作用，通过数据对比能够清晰地了解不同类别风险对于云计算安全的影响作用。

但是，要全面地对某云计算安全风险进行评估，仅将云计算分为隐私风险、技术风险和管理风险仍是不够的，还需要深入地对各风险因素展开分析，综合考虑运用以上量化结果，从而实现对整个云计算安全的量化评估。

4.3 模型的优势及合理性

4.3.1 度量模型的优势

本书所提出的云计算安全风险度量模型相对于以往的研究方法，其优势主要体现在以下方面：

1）本书根据云计算风险的特点，借鉴国内外重要机构和相关研究文献所提出的安全问题，将影响云计算安全的风险因素进行梳理，从而建立了风险度量的层次模型。相比以往的研究，本书所提出的风险度量层次模型体现了各风险因素之间的相互关联，客观描述了风险的层次结构，为风险的度量奠定了基础，实现了对风险不同层次、不同维度的系统描述。根据具体需求，将风险度量模型进行扩展，能够针对各种类型的云计算系统进行度量。

2）风险作为抽象的概念，要对其进行有效度量，不可避免地需要对其进行人为的主观估计。相比以往的研究方法，本书所提出的度量模型采用的是一种由下而上的逐层研究方法，并没有直接将专家打分所得的结果作为风险大小的评判。而是结合信息熵原理从最底层的风险因素展开研究，将专家打分所得的结果代入信息熵公式中，利用熵值的大小描述风险的不确定性，有效地降低了人为主观因素对结果的影响，所得到的数据将更为客观。

3）在以往的风险研究当中，通常只侧重于云计算某个方面的研究（如隐私安全的研究、技术安全的研究或法规规范的研究等），而忽略了对于其余风险的考虑。本书在对云计算安全进行研究时，同时引入了对用户隐私保护和运营管理安全的综合考虑，扩展了云计算风险环境研究的范畴，从不同维度、不同方面解释了云计算安全风险环境，所得到的度量研究结果更加详细，将有助于风险评估的进行。

4.3.2 度量模型的合理性

本章所提出的风险度量模型立于安全风险属性模型的基础上，将风险的度量分为了目标层、风险类层和风险因素层等三个层次，其中目标层是本章研究的核心，即整个云计算安全风险大小的度量；风险类层则是从不同维度对云计算安全风险的大小进行度量。整个模型所得到的度量结果都建立在专家对最底层风险因素评估赋值的基础上。

已知最底层的风险因素是本书通过跟踪前沿云计算风险理论，借鉴国内外相关研究文献，在认真调查分析的情况下梳理而得。在梳理的过程中，本章详细解释了各风险发生的原因及其对项目的损失影响，并通过实际案例或相关文献进行了说明，保证了所提出的风险因素是真实存在并且对云计算安全构成威胁。

而在此基础上，为了能够对云计算风险大小进行度量，本章聚集了15名熟悉该领域的专家，以打分的形式针对底层各风险因素的发生频率及其损失影响进行了评估赋值。并且在接下来的研究过程中，本研究没有直接将专家的评估结果用于风险的度量，而是采用信息熵的计算方法对其风险的不确定性和损失权重进行分析，有效降低了评估过程中人为主观因素对度量结果的影响。同时，本章结合马尔可夫链的数学方法针对云计算风险发生的随机状态进行了描述和量化分析，使得所得结果更接近真实的风险发生情况，加大了数据的可靠性。

由上可见，本章提出的风险度量模型的建立过程科学合理，得到了相关理论的支撑，整个度量的过程由下而上、逐层展开，从底层单个的风险因素开始逐渐扩展到对不同维度风险的研究，乃至对整个云计算安全风险的量化研究，其度量过程条理清晰，为云计算安全风险的度量提供了合理的方案。另外，本章最后还将所提出模型代入具体的案例分析当中，说明了该模型风险度量的可行性。

综上所述，本章所提出的风险度量模型是科学合理的。

第 5 章　基于信息熵和模糊集的云计算安全风险评估

本章目标：

基于模糊集构造云计算安全风险的因素集与评价集，并构成它们之间的模糊映射。

结合信息熵的方法，针对各风险因素的重要性进行熵权赋值，为风险的量化评估提供数据支撑。

提出基于模糊集和信息熵的风险综合评估方法，并结合具体的案例进行分析，说明该方法的有效性。

第 4 章针对云计算安全风险的威胁频率、损失影响和不确定性程度进行了详细定量研究，从不同的侧面描述了云计算安全风险的大小，实现了对云计算安全风险的有效度量，为风险的评估提供了重要的依据。

根据第 4 章的研究方法，本章将探讨有关云计算安全风险评估的方法。在进行评估的过程中，考虑到最终结果的准确性和客观性，本章将根据专家评估的分布，结合信息熵的方法根据各指标对最终评估结果的影响进行权重赋值，并在此基础上将以上量化数据进行融合，用一个统一的数量级表示风险的等级，从而实现对云安全风险的量化评估。

5.1　云计算安全风险的模糊集

由于在评估的过程中，专家对于云计算安全风险的评估存在一定的主观性和模糊性，并不能直接针对每一个指标给出肯定的结果，同时不同的专家所给出的评估结果也会存在较大差异，这给云计算安全风险定量的描述带来了困难。

对此，本章参阅了相关研究文献（付钰等，2010；赵冬梅等，2004；付沙等，2013a；付沙等，2013b；付沙等，2013c；吴晓平和付钰，2011），鉴于风险评估的模糊性和随机不确定性，拟将模糊集和信息熵的理论运用到云计算安全风险的评估中，一方面要求能够有效降低人为主观因素对评估结果的影响，另一方面则要求结果能够消除评估的模糊性，从定量的级别描述云计算安全风险的等级。

在进行风险的评估前，首先需要构造风险的因素集与评价集，即相关风险因素的集合及其对应的专家评估的集合。本章将围绕风险的资产损失影响性和威胁频率两方面的因素，针对云计算安全风险构造其因素集。已知云计算风险的损失影响和威胁频率的定义分别如下：

损失影响：指风险发生时可能对项目所造成的损失影响程度，包括云基础设施、云端所储存的数据和应用资源等。

威胁频率：即在长期运营过程中，某风险发生的频率高低。

虽然通过风险的度量，能够得到相关风险在以上两个方面的量化结果，然而这些量化结果都只是单一地反映了云计算安全的其中一面，而要全面描述整个云计算安全风险，则需要将这些数据进行权重分配，从而进行数据的融合处理，用一个综合的数据描述云计算安全的风险。其步骤如下：

第 1 步：建立风险的因素集 A

假设整个云计算环境下共包含 n 个风险因素a_i，则 $A=\{a_1, a_2, \cdots, a_n\}$ 表示云计算安全风险因素的集合。

第 2 步：针对风险的损失影响、不确定性和威胁频率分别设立不同的评价集 B

①$B_c=\{b_{c1}, b_{c2}, \cdots, b_{cm}\}$

②$B_f=\{b_{f1}, b_{f2}, \cdots, b_{fm}\}$

式中，m 为各评价集中元素的个数；$\{b_{c1}, b_{c2}, \cdots, b_{cm}\}$ 和 $\{b_{f1}, b_{f2}, \cdots, b_{fm}\}$ 分别为风险的损失影响和威胁频率的评价集，该评价集给出的是一组模糊的评价指标，只是从程度上描述了云计算风险的大小。如$B_c=\{$低，很低，中等，高，很高$\}$，按照风险损失影响程度的高低，将云计算风险的损失影响划分为了 5 个评价等级。

第 3 步：建立风险评估的隶属度矩阵

根据评价集 B 对因素集 A 中的各风险因素a_i 进行评价，并给出相应的模糊影射：

$f: A \to F(B)$，$F(B)$ 是 B 上的模糊集$a_i \to f(a_i)=(p_{i1}, p_{i2}, \cdots, p_{im}) \in F(B)$

式中，映射 f 为各风险因素 a_i 对评价集中各评价指标的支持程度。风险因素 a_i 对评价集 B 的隶属向量为$p_i=(p_{i1}, p_{i2}, \cdots, p_{im})$，得隶属度矩阵（付钰等，2010）：

$$P=\begin{bmatrix} p_{11} & p_{12} & \cdots & p_{1m} \\ p_{21} & p_{22} & \cdots & p_{2m} \\ \vdots & \vdots & \ddots & \vdots \\ p_{n1} & p_{n2} & \cdots & p_{nm} \end{bmatrix}$$

该矩阵共包含 n 行 m 列，其中：n 为风险因素的个数；m 为评价集中所包含的评价级指标的数量；第 i 行第 j 列元素 p_{ij} 为第 i 项风险因素相对于第 j 个评价指标的支持程度，即专家组对于第 i 项风险因素的评估分布情况，$\sum_{j=1}^{m} p_{ij}=1$。

根据风险的隶属度矩阵，可以得到各风险因素关于云计算风险损失影响和威胁频率的隶属度矩阵分别为 p_c 和 p_f，它们分别从不同的角度反映了专家对云计算安全风险因素的评估情况。

5.2　基于模糊集合熵权的云计算安全风险评估

5.2.1　各风险因素的评估权重

在建立了云计算安全风险的因素集、评价集及隶属度矩阵后，则需要定义各风险因素的评估权重，并赋予评价集中，其步骤如下：

(1) 计算各风险因素的权重向量 $\boldsymbol{\Phi}$

假设其中各风险因素权重向量为 $\boldsymbol{\Phi}=(\boldsymbol{\Phi}_1,\ \boldsymbol{\Phi}_2,\ \cdots,\ \boldsymbol{\Phi}_n)$，其权重值 $\boldsymbol{\Phi}_i$ 越高，则说明该项风险因素对于评估结果的影响越大。对此，本章将结合信息熵的方法计算各风险因素的权重值。已知，在评估的过程中，专家对于某风险因素的评估差距 P_{ij} 越大，则说明对于该风险的评估越不确定，该评估结果所能够提供的有效信息就越低。因此，可以用信息熵的大小来描述该风险的权重，如下所示：

$$e_i=-\frac{1}{\ln m}\sum_{j=1}^{m} p_{ij}\ln p_{ij} \tag{5-1}$$

当专家的评估越分散时，$P_{ij}(j=1,\ 2,\ \cdots,\ m)$，的分布越均匀，则信息熵的值越大，说明该风险因素$a_i$对云计算安全评估的不确定性越大，所能够提供的有效信息越小，权重越低；反之，当专家的评估越集中时，$P_{ij}(j=1, 2, \cdots, m)$，差距越大，此时信息熵的值越小，说明该风险因素$a_i$对云计算安全评估的不确定性越低，所能够提供的有效信息越多，权重越高。

进一步用熵权的形式来描述各风险因素的权重，如下所示

$$\Phi_i = \frac{1}{n - \sum_{i=1}^{m} \mathrm{e}_i}(1 - e_i) \tag{5-2}$$

式中，Φ_i为各风险因素的评估权重，$0 \leqslant \Phi_i \leqslant 1$，$\sum_{i=1}^{m} \Phi_i = 1$，则$\Phi_C$和$\Phi_f$分别表示各风险因素损失影响和威胁频率的评估权重。

(2) 赋予评价集中各指标相应的权重

1）假设评价集B_c中各指标的权重分别为u_i，$i=1, 2, \cdots, m$，则评价集B_c的指标权重向量为$U=(u_1, u_2, \cdots, u_m)$，进而可以得到整个云计算风险的损失影响评估结果$R_C$，计算公式如下：

$$R_C = \Phi_C \cdot P_u \cdot V^T \tag{5-3}$$

R_C值越大，说明该云计算服务的潜在的风险损失影响越大；其值取决于各风险因素的评估权重Φ，以及该风险因素的损失影响程度。

2）同理，假设评价集B_f中各指标的权重分别为v_i，$i=1, 2, \cdots, m$，则评价集B_f的指标权重向量为$V=(v_1, v_2, \cdots, v_m)$，经过计算可以得到整个云计算风险的威胁频率评估结果R_U，如下所示：

$$R_f = \Phi_f \cdot P_f \cdot V^T \tag{5-5}$$

R_f的值取决于各风险因素所占的评估权重，以及该风险因素的威胁频率程度。其值越大，则说明在长期的运营过程中该云计算服务风险发生的频率越高。

5.2.2 云计算安全风险等级

在风险因素集、评价集及隶属度矩阵的基础上，本章将结合信息熵公式针对各风险因素的损失影响和威胁频率进行权重赋值，并根据各因素的相关权重将数据进行融合，从而定义整个云计算系统的风险等级。

假设云计算风险的损失影响和威胁频率的重要程度分别为 k_1，k_2，则按照两者的重要性程度将以上评估结果进行融合，则可以计算得到整个系统的安全风险等级，如公式（5-5）所示：

$$R=g(c,\ f)=K_1R_C+K_2R_f \tag{5-6}$$

式中，k_1，k_2为常数，具体数值视实际情况而定，$k_1+k_2=1$；R 为系统的安全风险等级，其值越高则说明该云计算安全风险的等级越高。

按照云计算风险的严重程度，将各风险因素的评价集B_c，B_f划分为 5 个等级{低，较低，中等，较高，高}，则根据公式（5-5）可以判定系统的安全风险隶属等级如表 5-1 所示。

表 5-1　安全风险隶属度等级

R	0～0.2	0.2～0.4	0.4～0.6	0.6～0.8	0.8～1
风险等级	低	较低	中等	较高	高

该表综合考虑了风险的损失影响和威胁频率两方面的因素，将云计算安全风险等级分为 5 个数量级，并给出了每个级别的具体值域，为风险的评估提供了重要参考。

5.3　案例研究

在上述的内容中，本章提出了基于模糊集和熵权理论的云计算安全风险评估研究方法，为了验证其可行性，本章将继续以第 4 章中某公司的云计算电子商务平台为对象，进行具体的评估分析。为了保障数据计算的效率和精确性，整个定量评估的过程将采用 Matlab 工具进行编程计算。步骤如下：

（1）第 1 步：建立风险的因素集

总结本书第 3 章所提出的云计算安全风险因素，分别为：{身份认证，访问权限控制，法规遵从，调查支持，密钥管理，数据隔离，数据加密，数据销毁，数据迁移，数据备份与恢复，内部人员威胁，软件更新及升级隐患，网络恶意攻击，不安全接口和 API，服务商生存能力，可审查性，数据存放位置，操作失误，硬件设施环境，监管机制及配套设施，网络带宽影响}，共计 21 个风险因素，建立其因素集 $A=\{a_1, a_2, \cdots, a_{21}\}$。

(2) 第 2 步：建立风险的评价集，并赋予评价集中各指标权重

将风险的损失影响和威胁频率均定义为以下 5 个级别：

$$\{1, 2, 3, 4, 5\} = \{\text{低，较低，中等，较高，高}\}$$

而由于本章在进行评估的过程中共聚集了 15 名有经验的专家，其中每一个专家都将针对各风险因素进行评估。因此，相对于专家的数量，本章将评价集中每个级别的权重依次设定为 {1/15，2/15，3/15，4/15，5/15}，即

$$B_c = \{b_{c1}, b_{c2}, \cdots, b_{c5}\} = \{1/15, 2/15, 3/15, 4/15, 5/15\}$$

$$B_f = \{b_{f1}, b_{f2}, \cdots, b_{f5}\} = \{1/15, 2/15, 3/15, 4/15, 5/15\}$$

(3) 第 3 步：建立风险的隶属度矩阵

风险的评估权重表示各风险因素对云计算安全的重要性程度，要评估整个云计算风险的等级，就必须先计算该云计算环境下所包含风险因素的评估权重。

15 名专家对于风险因素集中各风险因素的评估分布见表 5-2。

表 5-2 评估分布结果

风险因素	B_c					B_f				
	1	2	3	4	5	1	2	3	4	5
a_1	0	1	11	3	0	0	4	9	2	0
a_2	0	1	13	1	0	0	1	12	2	0
a_3	1	5	6	3	0	4	11	0	0	0
a_4	4	9	2	0	0	7	8	0	0	0
a_5	0	5	7	3	0	0	3	10	2	0
a_6	0	4	9	2	0	0	2	8	5	0
a_7	0	0	7	7	1	0	2	6	5	2
a_8	1	4	7	3	0	1	12	2	0	0
a_9	0	3	12	0	0	1	11	3	0	0
a_{10}	1	8	3	3	0	3	12	0	0	0
a_{11}	0	1	7	5	2	0	2	8	4	1
a_{12}	2	9	4	0	0	0	0	8	4	3
a_{13}	3	6	6	0	0	0	3	11	1	0

续表

风险因素	B_c					B_f				
	1	2	3	4	5	1	2	3	4	5
a_{14}	0	1	9	5	0	0	1	10	4	0
a_{15}	0	0	1	11	3	13	2	0	0	0
a_{16}	4	11	0	0	0	4	11	0	0	0
a_{17}	2	2	8	3	0	5	10	0	0	0
a_{18}	2	10	3	0	0	0	0	5	6	4
a_{19}	0	0	5	8	2	3	12	0	0	0
a_{20}	2	8	4	1	0	0	15	0	0	0
a_{21}	11	3	1	0	0	0	0	2	8	5

根据表 5-2 所示的专家评估分布结果，计算得到风险的损失影响和威胁频率隶属度矩阵P_c和P_f，见表 5-3。

表 5-3　隶属度矩阵

风险因素	P_c					P_f				
	b_{c1}	b_{c2}	b_{c3}	b_{c4}	b_{c5}	b_{f1}	b_{f2}	b_{f3}	b_{f4}	b_{f5}
a_1	0.000	0.067	0.733	0.200	0.000	0.000	0.267	0.600	0.133	0.000
a_2	0.000	0.067	0.867	0.067	0.000	0.000	0.067	0.800	0.133	0.000
a_3	0.067	0.333	0.400	0.200	0.000	0.267	0.733	0.000	0.000	0.000
a_4	0.267	0.600	0.133	0.000	0.000	0.467	0.533	0.000	0.000	0.000
a_5	0.000	0.333	0.467	0.200	0.000	0.000	0.200	0.667	0.133	0.000
a_6	0.000	0.267	0.600	0.133	0.000	0.000	0.133	0.533	0.333	0.000
a_7	0.000	0.000	0.467	0.467	0.067	0.000	0.133	0.400	0.333	0.133
a_8	0.067	0.267	0.467	0.200	0.000	0.067	0.800	0.133	0.000	0.000
a_9	0.000	0.200	0.800	0.000	0.000	0.067	0.733	0.200	0.000	0.000
a_{10}	0.067	0.533	0.200	0.200	0.000	0.200	0.800	0.000	0.000	0.000
a_{11}	0.000	0.067	0.467	0.333	0.133	0.000	0.133	0.533	0.267	0.067
a_{12}	0.133	0.600	0.267	0.000	0.000	0.000	0.000	0.533	0.267	0.200
a_{13}	0.200	0.400	0.400	0.000	0.000	0.000	0.200	0.733	0.067	0.000
a_{14}	0.000	0.067	0.600	0.333	0.000	0.000	0.067	0.667	0.267	0.000
a_{15}	0.000	0.000	0.067	0.733	0.200	0.867	0.133	0.000	0.000	0.000

续表

风险因素	P_c					P_f				
	b_{c1}	b_{c2}	b_{c3}	b_{c4}	b_{c5}	b_{f1}	b_{f2}	b_{f3}	b_{f4}	b_{f5}
a_{16}	0.267	0.733	0.000	0.000	0.000	0.267	0.733	0.000	0.000	0.000
a_{17}	0.133	0.133	0.533	0.200	0.000	0.333	0.667	0.000	0.000	0.000
a_{18}	0.133	0.667	0.200	0.000	0.000	0.000	0.000	0.333	0.400	0.267
a_{19}	0.000	0.000	0.333	0.533	0.133	0.200	0.800	0.000	0.000	0.000
a_{20}	0.133	0.533	0.267	0.067	0.000	0.000	1.000	0.000	0.000	0.000
a_{21}	0.733	0.200	0.067	0.000	0.000	0.000	0.000	0.133	0.533	0.333

(4) 第4步：计算各风险因素的评估权重

在得到风险的隶属度矩阵P_c和P_f后，将上述数据依次代入公式（5-1）和公式（5-2）便能计算得到各风险因素的评估权重Φ_i。

a. 重要性熵e_i

将P_c中的数据代入公式（5-1），可求出各风险因素损失影响的相对重要性熵$E_c=(e_1, e_2, \cdots, e_{21})=$(0.4535，0.3014，0.7674，0.5764，0.6485，0.5764，0.5541，0.7522，0.3109，0.7205，0.7276，0.5764，0.6555，0.5301，0.4535，0.3603，0.7422，0.5349，0.6028，0.7064，0.4535)。

同理，将P_f中的数据代入公式（5-1），可求出各风险因素威胁频率的相对重要性熵 $E_f=(e_1, e_2, \cdots, e_{21})=$(0.5764，0.3900，0.3603，0.4293，0.5349，0.6028，0.7891，0.3900，0.4535，0.3109，0.7064，0.6273，0.4535，0.4991，0.2440，0.3603，0.3955，0.6743，0.3109，0.0000，0.6028)。

b. 评估权重（熵权）Φ_i

根据公式（5-2），求得各风险因素损失影响的评估权重 $\Phi_c=(\Phi_1, \Phi_2, \cdots, \Phi_{21})=$（0.0608，0.077，0.0259，0.0471，0.0391，0.0471，0.0496，0.0276，0.0766，0.0311，0.0303，0.0471，0.0383，0.0522，0.0608，0.0711，0.0287，0.0517，0.0442，0.0326，0.0608）。

同理，根据公式（5-2）求得各风险因素威胁频率的评估权重 $\Phi_f=(\Phi_1, \Phi_2, \cdots, \Phi_{21})=$(0.0375，0.0540，0.0567，0.0506，0.0412，0.0352，0.0187，0.0540，0.0484，0.0610，0.0260，0.0330，0.0484，0.0444，0.0670，0.0567，0.0535，0.0289，0.0610，

0.0886，0.0352）。

（5）第 5 步：评估云计算安全的风险等级

综述所述，按照以上步骤，本章已经建立了云计算安全的风险因素集、评价集和隶属度矩阵，并计算了各风险因素的评估权重，将这些数据进行综合处理，便能够对整个系统的风险等级进行评估。

而在评估的过程中，本章并没有将各风险因素进行分类，在这里只是围绕各风险因素相对于整个云计算安全的损失影响和威胁频率进行了评估，如图 5-1 和图 5-2 所示。

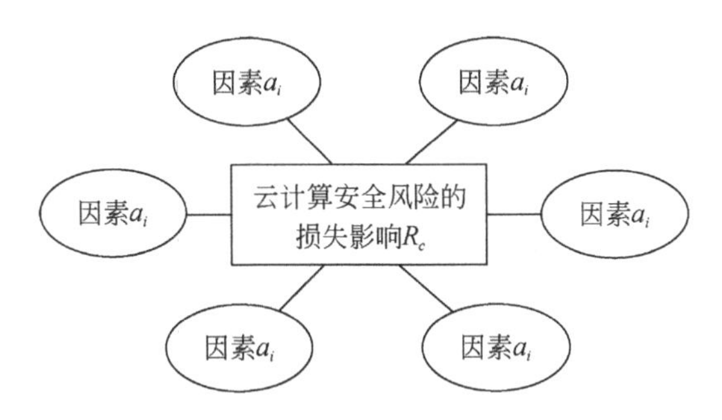

图 5-1　云计算安全风险的损失影响评估

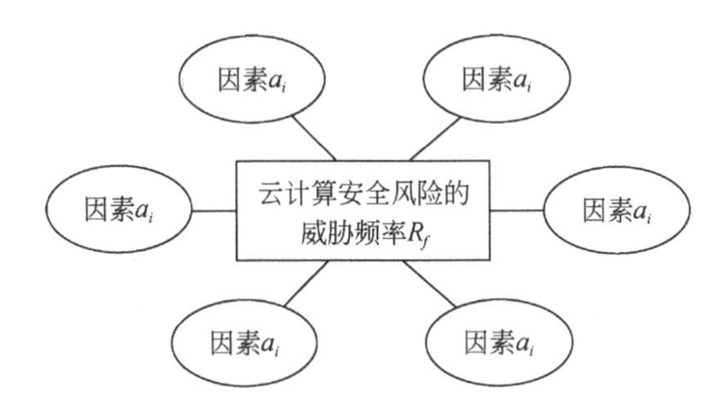

图 5-2　云计算安全风险的威胁频率评估

a. 云计算安全风险的损失影响 R_c

各风险因素的评估权重为Φ_i，则根据风险的因素集、评价集及隶属度矩阵之间的关系，将计算得到整个云计算系统的风险损失影响R_c

$$R_c = [\Phi_1 \quad \Phi_2 \quad \cdots \quad \Phi_{21}] \times \begin{bmatrix} P_{11} & P_{12} & \cdots & P_{15} \\ P_{21} & P_{22} & \cdots & P_{25} \\ \vdots & \vdots & \ddots & \vdots \\ P_{21,1} & P_{21,2} & \cdots & P_{21,5} \end{bmatrix} \times \begin{bmatrix} U_1 \\ U_2 \\ \vdots \\ U_5 \end{bmatrix} = 0.1816$$

b. 云计算安全风险的威胁频率 R_f

同理，根据各风险因素的评估权重为Φ_i，计算得到整个云计算系统的风险损失影响R_f

$$R_f = [\Phi_1 \quad \Phi_2 \quad \cdots \quad \Phi_{21}] \times \begin{bmatrix} P_{11} & P_{12} & \cdots & P_{15} \\ P_{21} & P_{22} & \cdots & P_{25} \\ \vdots & \vdots & \ddots & \vdots \\ P_{21,1} & P_{21,2} & \cdots & P_{21,5} \end{bmatrix} \times \begin{bmatrix} V_1 \\ V_2 \\ \vdots \\ V_5 \end{bmatrix} = 0.1580$$

c. 云计算安全的风险等级

在得到 R_c和 R_f的值后，将两者代入公式（5-5）中进行计算，得到整个云计算安全的风险值。已知，风险损失影响和风险发生频率的重要性程度分别为 k_1，k_2，两者皆为常数，相加之和为 1，则可以推断出该云计算安全的风险等级必定位于［0. 1580，0. 1816］。对照表 5-1 所示的云计算安全风险隶属等级，说明该云计算服务的安全风险等级位于级别 1，属于低风险级别。

而观测风险的损失影响和威胁频率，将各风险因素的熵权与平均权重进行比较，其结果分别如图 5-3 和图 5-4 所示。

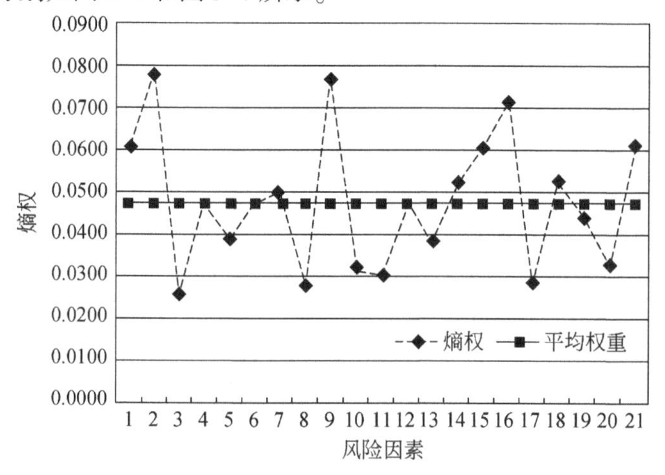

图 5-3　损失影响熵权Φ_C与均值对比

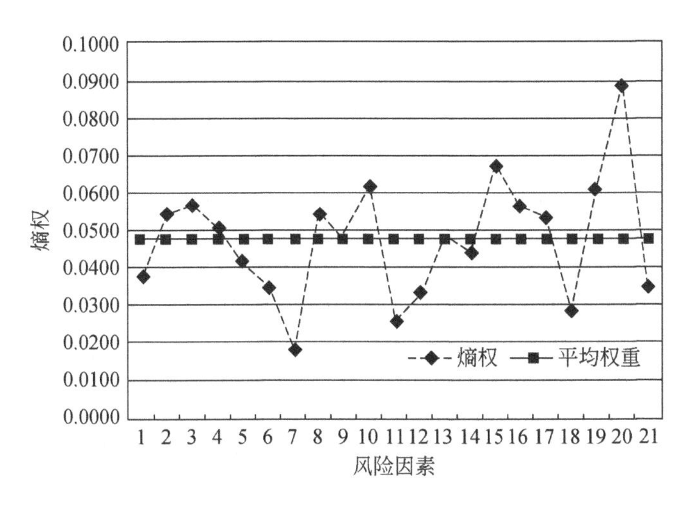

图 5-4 威胁频率熵权Φ_f与均值对比

观察图 5-3 中点的分散情况，能够看出专家关于风险因素 $\{a_4, a_5, a_6, a_7, a_{12}, a_{13}, a_{14}, a_{18}, a_{19}\}$ 损失影响的评价意见较为统一，共计 9 个，占全部风险因素的比例为 9/21；相对于意见较为分散的点，说明这些风险因素对于最终评估结果的影响较大，为云计算安全风险损失影响的评估提供了较多的信息，其可信度较高。

而观察图 5-4，则能够看出专家对于风险因素 $\{a_1, a_2, a_3, a_4, a_5, a_6, a_8, a_9, a_{10}, a_{13}, a_{14}, a_{16}, a_{17}\}$ 威胁频率的评价意见较为统一，共计 13 个，占全部风险因素的比例为 13/21；可见，相比风险的损失影响评估，其中可信的评估结果更多，说明专家对于该云计算服务风险威胁频率的评估更为肯定。

根据以上描述，可以进一步判断该云计算安全的风险等级 R 的判断，更侧重于风险因素威胁频率的评估结果。

5.4 本章小结

综上所述，本章基于模糊集的概念，根据信息熵的原理及其计算方法，以各风险因素为评价指标，分别围绕风险对云计算资产的损失影响和威胁频率进行了详细的评估，定义了风险等级的数量级，将云计算安全风险的评估上升到了定量的层次，为云计算安全风险的评估提出了有效的方法。该评估方法所具有的特点如下：

1）根据模糊集理论，建立了风险的因素集、评价集和隶属度矩阵，评估的过程中专家只需要按照评价集针对各风险因素进行评估。

2）结合熵权理论，根据专家的评估分布对各风险因素进行了权重赋值，有效地降低了人为主观因素对评估结果的影响。

3）评估结果以数量级的形式描述了整个云计算安全风险的等级。

然而，虽然该评估方法能够针对云计算安全风险进行有效的量化评估，但是在评估的过程中却并没有将各风险因素进行分类，而是直接围绕各风险因素的损失影响和威胁频率对整个云计算安全风险等级进行了估计，其结果并没有从不同的角度、不同的层次说明整个云计算服务的安全性，只是给出了关于整个云计算安全风险等级的评估结论。

而在实际的情况中，当用户考虑选择某云计算服务时，所关心的并不只是风险的等级，而是需要综合考虑多方面的因素，如该云计算商的管理控制安全、物理安全、网络安全、应用安全、数据安全和商业安全等，只有通过这些详细的数据才能综合判断该云计算服务是否符合自身的需求。

因此，若要保证评估的结果能够为用户提供详细的参考，还需要从研究对象和研究范围上将以上的评估方法加以改进。

对此，在接下来的研究中，本书将继续运用本章的研究方法，进一步围绕实际过程中服务双方所关心的问题将云计算安全进行分类，并依照云计算的安全属性模型建立详细的风险评估体系，从而实现对云计算安全风险的全面评估。

第6章　基于信息熵和马尔可夫链的云计算安全风险评估

本章目标：

根据模糊集理论，基于信息熵和马尔可夫链建立具有交叉关系的云计算安全风险的评估体系，为风险的评估提供基础。

在风险评估体系的基础上，从整体到部分对风险进行度量和评估，并定义风险的隶属等级，从而提出云计算安全风险评估模型。

将风险评估模型代入具体的案例中进行研究，并对所提出评估模型的优势及合理性进行论证。

风险的评估建立在风险度量的基础上，它以实现系统安全为目的，通过对云计算所处风险环境的描述和评价，最终为风险的预防和控制提供科学的参考。它是一种定性和定量相结合的综合评价方法，脱离了风险的度量，一切的评估结果都将难以得到支撑，决策方向也将难以把握。

6.1　评估模型

6.1.1　指标体系

对于云计算安全风险的全面评估，本章将立于第4章、第5章研究结果的基础上，结合风险的安全属性模型，围绕风险的威胁频率、损害程度、维护和管理难度等方面进行综合评价和分析。

为了能够全面地对云计算风险环境进行评估，本章拟将云计算安全分为数据安全、网络安全、物理安全、管理控制安全、软件应用安全和商业安全等多个方面，并结合之前所提出的云计算风险因素展开研究，如图6-1所示。

云计算风险的评估层次图建立在安全风险属性模型的基础上，同样包含目标

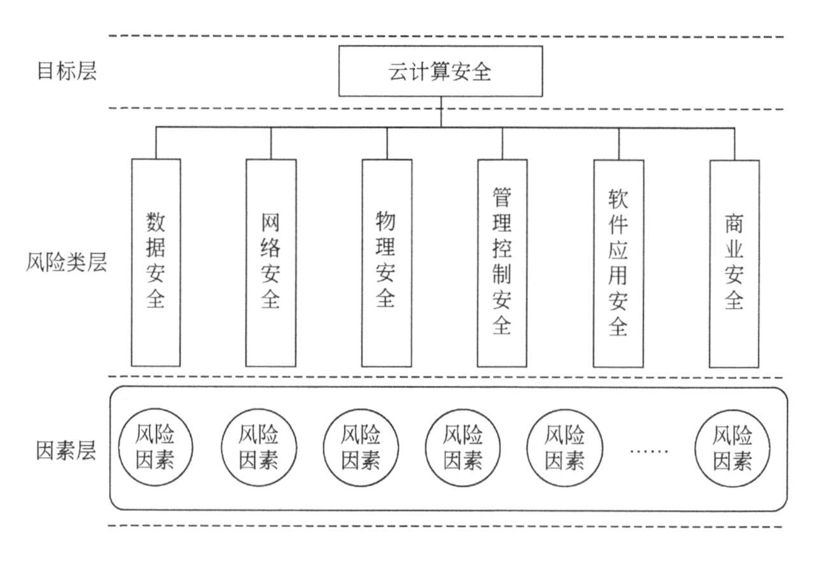

图 6-1　云计算风险评估层次图

层、风险类层和风险因素层等三个层次，各风险类之间不可避免地同样会存在某些风险因素的交叉。

(1) 数据安全

数据安全是指在云计算运作过程中对数据传输、数据防护、数据存储及数据备份等一系列数据处理方面的技术和管理安全保护。根据之前所提出的风险因素，本章拟从以下因素综合地对云计算环境下的数据安全进行评估：数据隔离、数据加密、数据销毁、数据备份与恢复、数据存放位置、数据迁移。

(2) 网络安全

网络安全是指云计算系统在面对恶劣网络环境时，仍然能够连续、可靠、正常运行的安全保障。根据之前所提出的风险因素，本章拟从以下方面综合地对云计算环境下的网络安全进行评估：网络恶意攻击、网络带宽影响、不安全接口和API、身份认证、访问权限控制。

(3) 物理安全

物理安全是指云计算系统在硬件设备质量、设备运行监控、数据物理位置选择等方面的安全保护。在进行评估的过程中，主要包括以下因素：数据存放位置、硬件设施配置、设备监控机制。

(4) 管理控制安全

管理控制安全是指云计算商在相关用户认证、应用权限控制和数据管理方面的安全保护。对于云计算的管理控制安全，本章在评估的过程中拟综合考虑以下因素：身份认证、访问权限控制、密钥管理、内部人员威胁、数据备份与恢复、调查支持。

(5) 软件应用安全

软件应用安全是对云计算系统软件在实际运作过程中是否能够正常安全应用的评估。本章将主要从以下方面进行综合考虑：不安全接口和 API、软件更新及升级隐患、操作失误。

(6) 商业安全

商业安全是对某云计算服务商在商业环境和法规约束下可靠性的评估。主要包括以下因素：法规遵从、服务商可审查性、服务商生存能力、内部人员威胁。

如上所述，本章围绕实际过程中服务双方较为关注的问题，将云计算安全分为六个主要方面，并对相关风险因素进行了归类。

6.1.2　云计算安全风险评估过程

针对这六个方面的安全评估，本章将展开详细的量化研究。之前的风险度量是一个由底向上、逐层研究的量化过程，接下来的风险评估则是需要在风险度量的基础上围绕底层具体的风险因素深入细化地进行评价。

(1) 度量的过程

首先根据所建立的风险评估体系进行风险的度量，为后续的风险评估提供参考。

第 1 步：按照风险类的划分将各风险因素归类，并根据公式（4-5）计算其类熵权系数 $P(\beta_i, \alpha_j)$；

第 2 步：根据公式（4-2）和公式（4-6）分别求取各风险类的损失权重

$C(\beta_i)$和不确定性程度$H(\beta_i)$，$i=1, 2, \cdots, 6$；

第3步：结合马尔可夫链原理，建立如下所示的马尔可夫链转移矩阵，从而计算稳定状态下各类风险发生的稳态概率$P(\beta_i)$

$$\begin{bmatrix} \beta_{11} & \beta_{12} & \beta_{13} & \beta_{14} & \beta_{15} & \beta_{16} \\ \beta_{21} & \beta_{22} & \beta_{23} & \beta_{24} & \beta_{25} & \beta_{26} \\ \beta_{31} & \beta_{32} & \beta_{33} & \beta_{34} & \beta_{35} & \beta_{36} \\ \beta_{41} & \beta_{42} & \beta_{43} & \beta_{44} & \beta_{45} & \beta_{46} \\ \beta_{51} & \beta_{52} & \beta_{53} & \beta_{54} & \beta_{55} & \beta_{56} \\ \beta_{61} & \beta_{62} & \beta_{63} & \beta_{64} & \beta_{65} & \beta_{66} \end{bmatrix}$$

式中，β_{ij}为第i类风险出现时第j类风险同时可能发生的频率。

如上所示，在进行云计算安全的评估前首先需要进行风险的度量，其度量过程与第4章的风险度量一样，是一个由底层逐层向上的过程，按照以上的步骤将分别得到$H(\beta_i)$、$C(\beta_i)$和$P(\beta_i)$，即风险评估系中数据安全β_1、网络安全β_2，物理安全β_3、管理控制安全β_4、软件应用安全β_5和商业安全β_6的不确定性程度、损失影响程度和威胁频率。

(2) 评估的过程

第1步：数据的预处理

根据之前的风险评估结果，将表4-4所示的专家评估分布结果以概率的形式进行表示

$$P'_{ij} = \begin{bmatrix} P'_{11} & P'_{12} & \cdots & P'_{15} \\ P'_{21} & P'_{22} & \cdots & P'_{25} \\ \vdots & \vdots & \ddots & \vdots \\ P'_{n1} & P'_{n2} & \cdots & P'_{n5} \end{bmatrix} \quad C'_{ij} = \begin{bmatrix} C'_{11} & C'_{12} & \cdots & C'_{15} \\ C'_{21} & C'_{22} & \cdots & C'_{25} \\ \vdots & \vdots & \ddots & \vdots \\ C'_{n1} & C'_{n2} & \cdots & C'_{n5} \end{bmatrix}$$

式中，P'_{ij}为专家对第i项风险因素发生频率在第$j(j=1, 2, 3, 4, 5)$等级上的人数分布情况，与之前所不同的是，这里是概率分布形式

$$\sum_{j=1}^{5} P'_{ij} = 1$$

式中，C'_{ij}为专家对第i项风险因素损失影响在第$j(j=1, 2, 3, 4, 5)$等级上的人数分布情况，与之前所不同的是，这里是概率分布形式

$$\sum_{j=1}^{5} C'_{ij} = 1$$

例：以某风险因素 α_i 为例，其专家人数分布见表6-1。

表6-1　某风险因素评估概率分布情况

	P_{i1}	P_{i2}	P_{i3}	P_{i4}	P_{i5}
风险因素 α_i	1	12	2	0	0
	P'_{i1}	P'_{i2}	P'_{i3}	P'_{i4}	P'_{i5}
风险因素 α_i	0.067	0.800	0.133	0.000	0.000

该分布情况以概率的形式描述了专家评估结果的分布情况，为接下来各风险因素不确定性的度量完成了数据的预处理。

第2步：计算最底层各风险因素a_j 对风险评估结果的贡献权重 $\omega(a_j)$，即风险因素评估权重

本章风险的度量建立在最底层各风险因素专家赋值评估的基础上，而专家的风险评估存在一定的主观性。为此，本章拟采用信息熵的计算公式降低在评估过程中人为主观偏差较大的影响，如下所示

$$H(a_j) = \sqrt{I(P_{ij}) \times I(C_{ij})} = \sqrt{\sum_{j=1}^{5} P'_{ij}\log_5 P'_{ij} \times \sum_{j=1}^{5} C'_{ij}\log_5 C'_{ij}} \tag{6-1}$$

式中，$I(P_{ij})$ 和 $I(C_{ij})$ 分别为专家对各风险因素发生频率和损失影响打分的不确定性，如公式所示，将两者相乘并开根便得到该风险因素a_j 的打分不确定性。根据信息熵公式，当专家分布P_{ij}和C_{ij}越均匀时，则表示专家对于两者打分的不确定性越高，即表示该风险因素赋值的不确定性越高，其值域为［0，1］。

根据以上描述，用如下公式能够描述该风险因素a_j 对于评估结果的重要性程度

$$\omega(a_j) = 1 - H(a_j) \tag{6-2}$$

式中，$\omega(a_j)$ 为该风险因素a_j 对风险评估结果的影响权重。其值越大，说明该风险因素的确定性程度越高，则该风险因素所能够提供的有效信息就越多，对评估结果的贡献就越大，所占的权重就越高。

反之，当某风险因素a_j 的不确定性程度越高时，该风险将只能够提供很少的有效信息，其值对于风险评估结果的贡献就越小，所占权重就越低。

第3步：计算各类风险 β_i 对评估结果的贡献权重 ω（β_i），即风险类的评估

权重。

在计算各类风险 β_i 对评估结果的影响权重时，首先需要将各风险因素进行归类，从而进行判断，如下所示

$$\omega(\beta_i) = \frac{1}{Z}\sum_{j=1}^{mi}\omega(a_j)$$

$$Z = \sum_{j=1}^{m_1}\omega(a_j) + \sum_{j=1}^{m_2}\omega(a_j) + \cdots + \sum_{j=1}^{m_6}\omega(a_j) \tag{6-3}$$

式中，m_1，m_2，…，m_6 分别为各类风险中所包含的风险因素个数，如上所示，按照公式（6-3）进行归一化处理后，能得到各类风险对于整个云计算安全风险评估结果的影响权重；$\omega(\beta_i)$ 为第 β_i 类风险对评估结果的影响权重，其值越高说明该类风险对风险评估所能够提供的有效信息越多，对风险评估结果的贡献程度越高，所占权重越大，$\sum_{i=1}^{6}\omega(\beta_i) = 1$。

第 4 步：评估各类风险的隶属等级 $Rl(\beta_i)$

本章在风险评估的过程中将综合考虑风险的不确定性程度、损失影响程度及威胁频率三方面的因素，从而定义风险的隶属等级。

不确定性程度：值域为（0，1），是对云计算环境风险不确定性程度的描述，其值越高，风险发生的原因越难明确，风险的维护管理将越困难；

损失影响程度：值域为［1，5］，描述了风险发生时对项目可能造成的损失影响程度，其值越高，风险发生时造成的损失影响越大；

威胁频率：值域为（0，1），风险的威胁频率越高，在长期的云计算运作过程中该风险出现的可能性越大。

当某风险发生的频率越高、风险发生对项目造成的损失影响越大，且风险发生的原因越难确定时，该风险对于整个云计算安全的威胁就越大。为此，本章围绕以上三个方面的因素，定义了风险的隶属等级（表 6-2）。

表 6-2　风险隶属等级表

数值	隶属等级	描述
0.8<RL<1	非常高	造成风险发生的因素无法确定，存在极大的安全隐患，几乎不可能维护成功，为灾难性风险
0.6<RL≤0.8	高	造成风险发生的原因较多且难以明确，风险的维护困难，存在较大的安全问题，将会影响系统的正常运行

续表

数值	隶属等级	描述
0. 4<RL≤0. 6	中等	风险发生对系统存在一定影响，需要定期进行维护，属于能够稳定控制的范围内，为一般风险级别
0. 2<RL≤0. 4	低	风险的维护目标大致明确，风险维护容易，对云计算安全的影响较小，为常见风险
0<RL≤0. 2	非常低	风险维护目标非常明确，几乎不会影响云计算服务的运作，属于非常安全的云计算环境

本章根据之前风险的度量结果，定义了风险的 5 个隶属等级，并设定了各等级的隶属范围。为了能够准确地描述各类风险的隶属等级，本章拟采用如下公式进行计算

$$\mathrm{RL}(\beta_i)=\sqrt[3]{\frac{1}{5}H(\beta_i)C(\beta_i)P(\beta_i)} \tag{6-4}$$

式中，$\mathrm{RL}(\beta_i)$ 为第 β_i 类风险的隶属等级。已知风险的损失权重值域为 [1，5]，与风险的威胁频率和不确定性程度值域不同。因此，在计算的过程中为了能够将风险的隶属等级设置在（0，1）的范围内，本章将 $C(\beta_i)$ 的值域规范为 [0，1]，并将三者相乘求取其立方根作为风险隶属等级的权重值。

在得到风险的隶属等级权重值后，对应风险的隶属等级表便能够定义该类风险的隶属等级。

第 5 步：评估整个云计算安全的风险等级

在得到了各类风险的隶属等级权重值 $\mathrm{RL}(\beta_i)$ 后，按照如下公式能够得到整个云计算安全的风险等级 $\mathrm{RL}(A)$

$$\mathrm{RL}(A)=[\mathrm{RL}(\beta_1),\ \mathrm{RL}(\beta_2),\ \cdots,\ \mathrm{RL}(\beta_6)]\begin{bmatrix}\omega(\beta_1)\\ \omega(\beta_2)\\ \vdots\\ \omega(\beta_6)\end{bmatrix} \tag{6-5}$$

当各类风险对最终评估结果的影响权重 $\omega(\beta_i)$ 越高时，并且该类风险的隶属等级越高时，则整个云计算安全的风险等级就越高，其值域为（0，1）。同理，对应表 6-2 所示的风险隶属等级表，便能够描述整个云计算的风险环境。

6.1.3　云计算安全风险评估模型

整个云计算安全风险的评估模型如图 6-2 所示。

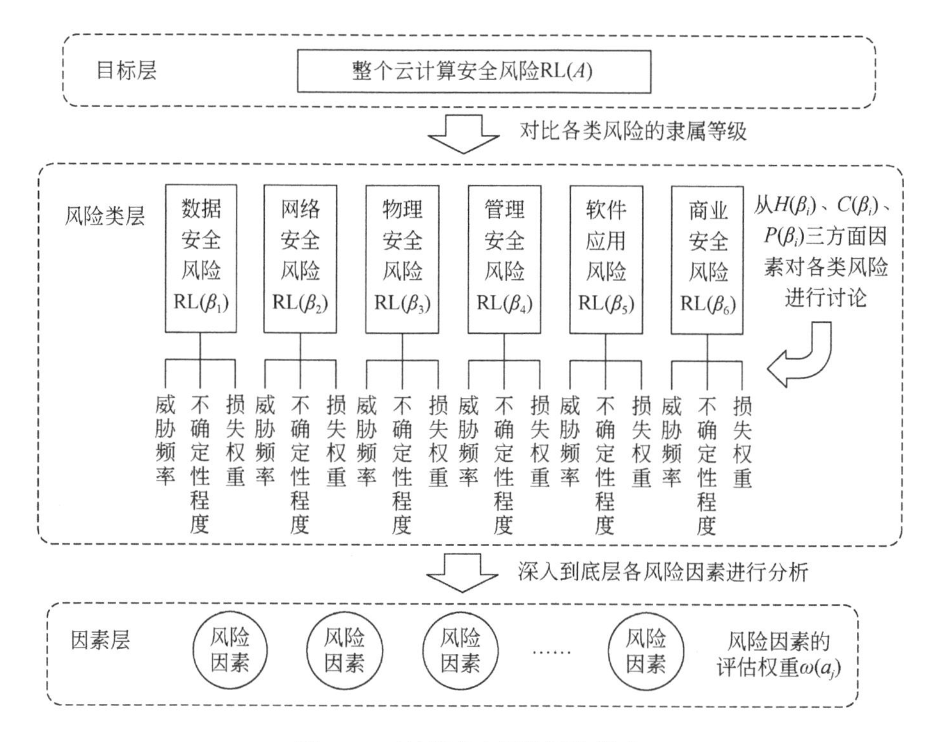

图 6-2　云计算安全风险评估模型

云计算安全风险的评估模型与度量模型一样，同样包含三个层次。其评价分析是一个由上而下的过程：

1）首先通过风险隶属等级的比较，对各类风险进行评价分析，从而判断各类风险对于整个云计算安全的影响程度，其中风险隶属等级越高的，对于云计算安全的影响越大。

2）围绕风险的威胁频率 $P(\beta_i)$、不确定性程度 $H(\beta_i)$ 和损失权重 $C(\beta_i)$ 对各类风险进行综合评价分析；

3）最后，围绕底层的各风险因素说明影响整个云计算安全的关键因素。

如上所述，本章所提出的风险评估模型，围绕风险的威胁频率 $P(\beta_i)$、不确定性程度 $H(\beta_i)$ 和损失权重 $C(\beta_i)$ 对各类风险进行了综合评价，并定义了风险的隶属等级，为风险的评估提供了量化的参考标准。在接下来的研究中，本章将把该评估模型代入具体的案例中进行评价分析。

6.2　案例研究

6.2.1　云计算安全风险的评估

根据本章所提出的风险度量模型，针对第 4 章案例分析中某公司电子商务平台的云计算安全展开分析。

根据风险的评估体系，本章将该公司云计算安全分为数据安全 β_1、网络安全 β_2、物理安全 β_3、管理控制安全 β_4、软件应用安全 β_5 和商业安全 β_6 六个方面，其度量和评估过程如下：

（1）度量过程

第 1 步

将各风险因素进行分类，并根据公式（4-5）计算其类熵权系数 $P(\beta_i, \alpha_j)$，得到的结果见表 6-3。

表 6-3　各风险因素类熵权系数

风险类 β_i	风险因素 α_j	类熵权系数 $P(\beta_i, \alpha_j)$
数据安全	数据隔离	0.223
	数据加密	0.242
	数据销毁	0.144
	数据备份与恢复	0.126
	数据存放位置	0.116
	数据迁移	0.149
网络安全	网络恶意攻击	0.177
	网络带宽影响	0.259
	不安全接口和 API	0.198
	身份认证	0.177
	访问权限控制	0.189

续表

风险类 β_i	风险因素 α_j	类熵权系数 $P(\beta_i, \alpha_j)$
物理安全	数据存放位置	0.305
	硬件设施配置	0.329
	监管机制及配套设施	0.366
管理控制安全	身份认证	0.185
	访问权限控制	0.198
	密钥管理	0.190
	内部人员威胁	0.211
	数据备份与恢复	0.116
	调查支持	0.099
软件应用安全	不安全接口和 API	0.296
	软件更新及升级隐患	0.340
	操作失误	0.364
商业安全	法规遵从	0.232
	服务商可审查性	0.232
	服务商生存能力	0.152
	内部人员威胁	0.384

第 2 步

根据公式（4-2）和公式（4-6）分别求取各风险类的损失权重 $C(\beta_i)$ 和不确定性程度 $H(\beta_i)$，$i=1, 2, \cdots, 6$，得到表 6-4 所示结果。

表 6-4　各风险类的损失权重 $C(\beta_i)$ 和不确定性程度 $H(\beta_i)$

风险类	数据安全	网络安全	管理控制安全	软件应用安全	商业安全	物理安全
损失权重	2.975	2.503	2.945	2.445	3.021	2.934
不确定性程度	0.978	0.993	0.980	0.997	0.961	0.997

第 3 步

结合马尔可夫链原理，建立各风险类之间的马尔可夫链转移矩阵，见表 6-5。

表 6-5　各风险类之间的马尔可夫链转移矩阵

风险类	数据安全	网络安全	物理安全	管理控制安全	软件应用安全	商业安全
数据安全	0. 785	0. 000	0. 103	0. 112	0. 000	0. 000
网络安全	0. 000	0. 436	0. 000	0. 366	0. 198	0. 000
物理安全	0. 305	0. 000	0. 695	0. 000	0. 000	0. 000
管理控制安全	0. 129	0. 426	0. 000	0. 211	0. 000	0. 234
软件应用安全	0. 000	0. 296	0. 000	0. 000	0. 704	0. 000
商业安全	0. 000	0. 000	0. 000	0. 415	0. 000	0. 585

将以上数据代入公式（4-3）求解方程组，分别得到各类风险的稳态概率，即在长期运作的云计算过程中各类风险发生的频率，它们分别是

数据安全 $P(\beta_1)=0.229$

网络安全 $P(\beta_2)=0.230$

物理安全 $P(\beta_3)=0.078$

管理控制安全 $P(\beta_4)=0.198$

软件应用安全 $P(\beta_5)=0.153$

商业安全 $P(\beta_6)=0.112$

（2）评估的过程

在完成了风险的度量之后，进行风险的评估，步骤如下：

第 1 步：数据的预处理

将表 4-4 中专家评估分布结果以概率的形式表示，得到表 6-6 和表 6-7 所示的结果。

表 6-6　各风险因素发生频率专家评估概率分布

风险	P'_{1j}	P'_{2j}	P'_{3j}	P'_{4j}	P'_{5j}
身份认证	0. 000	0. 267	0. 600	0. 133	0. 000
访问权限控制	0. 000	0. 067	0. 800	0. 133	0. 000
法规遵从	0. 267	0. 733	0. 000	0. 000	0. 000
调查支持	0. 467	0. 533	0. 000	0. 000	0. 000
密钥管理	0. 000	0. 200	0. 667	0. 133	0. 000

续表

风险	P'_{1j}	P'_{2j}	P'_{3j}	P'_{4j}	P'_{5j}
数据隔离	0.000	0.133	0.533	0.333	0.000
数据加密	0.000	0.133	0.400	0.333	0.133
数据销毁	0.067	0.800	0.133	0.000	0.000
数据迁移	0.067	0.733	0.200	0.000	0.000
数据备份与恢复	0.200	0.800	0.000	0.000	0.000
内部人员威胁	0.000	0.133	0.533	0.267	0.067
软件更新及升级隐患	0.000	0.000	0.533	0.267	0.200
网络恶意攻击	0.000	0.200	0.733	0.067	0.000
不安全接口和 API	0.000	0.067	0.667	0.267	0.000
服务商生存能力	0.867	0.133	0.000	0.000	0.000
服务商可审查性	0.267	0.733	0.000	0.000	0.000
数据存放位置	0.333	0.667	0.000	0.000	0.000
操作失误	0.000	0.000	0.333	0.400	0.267
硬件设施环境	0.200	0.800	0.000	0.000	0.000
监管机制及配套设施	0.000	1.000	0.000	0.000	0.000
网络带宽影响	0.000	0.000	0.133	0.533	0.333

表 6-7　各风险因素损失权重专家评估概率分布

风险	C'_{1j}	C'_{2j}	C'_{3j}	C'_{4j}	C'_{5j}
身份认证	0.000	0.067	0.733	0.200	0.000
访问权限控制	0.000	0.067	0.867	0.067	0.000
法规遵从	0.067	0.333	0.400	0.200	0.000
调查支持	0.267	0.600	0.133	0.000	0.000
密钥管理	0.000	0.333	0.467	0.200	0.000
数据隔离	0.000	0.267	0.600	0.133	0.000
数据加密	0.000	0.000	0.467	0.467	0.067
数据销毁	0.067	0.267	0.467	0.200	0.000
数据迁移	0.000	0.200	0.800	0.000	0.000
数据备份与恢复	0.067	0.533	0.200	0.200	0.000
内部人员威胁	0.000	0.067	0.467	0.333	0.133
软件更新及升级隐患	0.133	0.600	0.267	0.000	0.000

续表

风险	C'_{1j}	C'_{2j}	C'_{3j}	C'_{4j}	C'_{5j}
网络恶意攻击	0.200	0.400	0.400	0.000	0.000
不安全接口和API	0.000	0.067	0.600	0.333	0.000
服务商生存能力	0.000	0.000	0.067	0.733	0.200
服务商可审查性	0.267	0.733	0.000	0.000	0.000
数据存放位置	0.133	0.133	0.533	0.200	0.000
操作失误	0.133	0.667	0.200	0.000	0.000
硬件设施环境	0.000	0.000	0.333	0.533	0.133
监管机制及配套设施	0.133	0.533	0.267	0.067	0.000
网络带宽影响	0.733	0.200	0.067	0.000	0.000

第2步：计算各风险因素评估权重

根据表6-6和表6-7所示结果依次代入公式（6-1）、公式（6-2）中进行计算，得到如表6-8所示结果。

表6-8　底层各风险因素评估权重

风险	发生频率评估不确定性 $I(P_{ij})$	损失权重评估不确定性 $I(C_{ij})$	综合评估不确定性 $H(a_j)$	评估权重 $\omega(a_j)$
身份认证	0.576	0.453	0.511	0.489
访问权限控制	0.390	0.301	0.343	0.657
法规遵从	0.360	0.767	0.526	0.474
调查支持	0.429	0.576	0.497	0.503
密钥管理	0.535	0.649	0.589	0.411
数据隔离	0.603	0.576	0.589	0.411
数据加密	0.789	0.554	0.661	0.339
数据销毁	0.390	0.752	0.542	0.458
数据迁移	0.453	0.311	0.375	0.625
数据备份与恢复	0.311	0.720	0.473	0.527
内部人员威胁	0.706	0.728	0.717	0.283
软件更新及升级隐患	0.627	0.576	0.601	0.399
网络恶意攻击	0.453	0.655	0.545	0.455
不安全接口和API	0.499	0.530	0.514	0.486
服务商生存能力	0.244	0.453	0.333	0.667
服务商可审查性	0.360	0.360	0.360	0.640

续表

风险	发生频率评估不确定性 $I(P_{ij})$	损失权重评估不确定性 $I(C_{ij})$	综合评估不确定性 $H(a_j)$	评估权重 $\omega(a_j)$
数据存放位置	0.395	0.742	0.542	0.458
操作失误	0.674	0.535	0.601	0.399
硬件设施环境	0.311	0.603	0.433	0.567
监管机制及配套设施	0.000	0.706	0.000	1.000
网络带宽影响	0.603	0.453	0.523	0.477

第 3 步：计算各类风险的评估权重

按照风险类的划分，根据公式（6-3）进行计算，其结果见表 6-9。

表 6-9　各类风险的划分及其评估权重

风险类 β_i	风险因素 α_j	$\omega(a_j)$	$\omega(\beta_i)$
数据安全	数据隔离	0.411	0.205
	数据加密	0.339	
	数据销毁	0.458	
	数据备份与恢复	0.527	
	数据存放位置	0.458	
	数据迁移	0.625	
网络安全	网络恶意攻击	0.455	0.187
	网络带宽影响	0.477	
	不安全接口和 API	0.486	
	身份认证	0.489	
	访问权限控制	0.657	
物理安全	数据存放位置	0.458	0.209
	硬件设施配置	0.567	
	监管机制及配套设施	1.000	
管理控制安全	身份认证	0.489	0.094
	访问权限控制	0.657	
	密钥管理	0.411	
	内部人员威胁	0.283	
	数据备份与恢复	0.527	
	调查支持	0.503	

续表

风险类 β_i	风险因素 α_j	$\omega(a_j)$	$\omega(\beta_i)$
软件应用安全	不安全接口和 API	0.486	0.153
	软件更新及升级隐患	0.399	
	操作失误	0.399	
商业安全	法规遵从	0.474	0.153
	服务商可审查性	0.640	
	服务商生存能力	0.667	
	内部人员威胁	0.313	

第 4 步：评估各类风险的隶属等级 $\mathrm{RL}(\beta_i)$

将之前度量所得的威胁频率、损失权重和不确定性程度代入公式（6-4）中，其计算结果见表 6-10。

表 6-10　各类风险隶属等级 RL(β_i)

风险	数据安全 β_1	网络安全 β_2	物理安全 β_3	管理控制安全 β_4	软件应用安全 β_5	商业安全 β_6
威胁频率	0.229	0.230	0.078	0.198	0.153	0.112
损失权重	0.595	0.501	0.587	0.589	0.489	0.604
不确定性程度	0.978	0.993	0.997	0.980	0.997	0.961
风险隶属等级	0.511	0.486	0.357	0.485	0.421	0.402

第 5 步：评估整个云计算安全的风险等级

将表 6-9 和表 6-10 中 $\omega(\beta_i)$、$\mathrm{RL}(\beta_i)$ 数据代入公式（6-5），其结果如下

$$\mathrm{RL}(A) = [\mathrm{RL}(\beta_1),\ \mathrm{RL}(\beta_2),\ \cdots,\ \mathrm{RL}(\beta_6)] \begin{bmatrix} \omega(\beta_1) \\ \omega(\beta_2) \\ \vdots \\ \omega(\beta_6) \end{bmatrix} = 0.452$$

式中，$\mathrm{RL}(A)$ 为该云计算商的风险隶属等级，该值的评估综合考虑了数据安全、网络安全、物理安全、管理控制安全、软件应用安全和商业安全等六个方面的因素，其值越大则表示该云计算商的安全性越低。

6.2.2　评估结果对比分析

以上量化研究为风险的评估提供了切实的数据支撑，围绕这些数据本小节将针对所建立的风险评估体系，逐步深入地展开详细的讨论和分析。

(1) 整个云计算安全风险隶属等级

首先，是整个云计算安全的风险隶属等级 RL(A)。对应表 6-2 中的风险隶属等级，可以发现该公司电子商务平台的安全风险隶属等级为 0.452，属于一般风险级别，存在一定的风险隐患，需要定期进行风险维护，说明该云计算商对于整个平台的安全管理尚能够控制。

(2) 各类风险隶属等级对比评估

将整个云计算安全风险隶属等级与各类风险等级进行对比，如下所示：

$$\mathrm{RL}(\beta_1)>\mathrm{RL}(\beta_2)>\mathrm{RL}(\beta_4)>\mathrm{RL}(A)>\mathrm{RL}(\beta_5)>\mathrm{RL}(\beta_6)>\mathrm{RL}(\beta_3)$$

可见，RL(β_1)、RL(β_2)、RL(β_4) 风险隶属等级高于整个系统的风险隶属等级，说明数据安全、网络安全和管理控制安全是该云计算商安全中的薄弱环节，其中又以数据安全 RL(β_1) 的隶属等级最高，说明影响云计算安全的主要问题还是对数据方面的保护上，数据安全的问题始终是制约当前云计算发展和推广的核心问题，唯有加强数据安全的管理才能有效地保障用户的隐私，在面临风险威胁时能够保证系统的正常运作，从而降低整个云计算安全的风险威胁。但是对应表 6-2 中所列的风险隶属等级，能够发现这些风险仍然处于能够管理控制的范围内，属于一般的风险级别。

相反，通过对比能够看出物理安全、软件应用安全和商业安全的隶属等级较低，说明该云计算商在物理安全、软件应用安全和商业安全方面的保障相对较高。其中又以物理安全的风险隶属等级最低，属于较低的风险级别。

(3) 各类风险详细的对比评估

从图 6-3 的对比能够看出，威胁频率从高到低依次是网络安全 $P(\beta_2)$>数据安全 $P(\beta_1)$>管理控制安全 $P(\beta_4)$>软件应用安全 $P(\beta_5)$>商业安全 $P(\beta_6)$>物理安全 $P(\beta_3)$，以上对比说明了各类风险对云计算安全的威胁频率。其中以网络安全出现风险的频率最高，说明来自网络的威胁在该云计算商长期运作的过程中是最为常见的；其次是数据安全和管理安全，说明在长期运作的过程中该云计算商在相关数据的加密、传输、存储，以及相关权限的管理和控制上也经常会出现疏漏，从而产生风险问题。

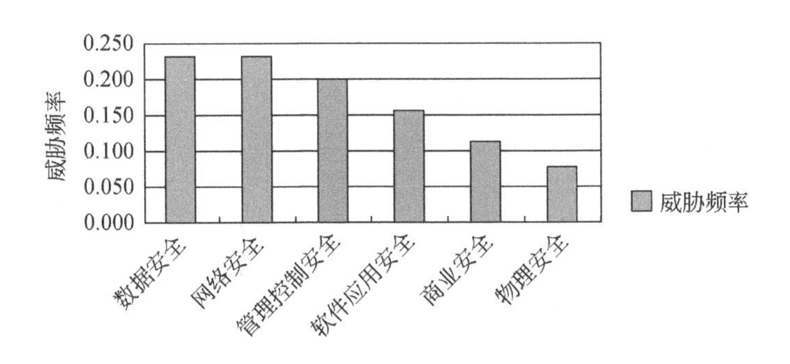

图6-3　各类风险威胁频率对比图

从图6-4的对比能够看出，损失权重从高到低依次是：商业安全 $C(\beta_6)$>数据安全 $C(\beta_1)$>管理控制安全 $C(\beta_4)$>物理安全 $C(\beta_3)$>网络安全 $C(\beta_2)$>软件应用安全 $C(\beta_5)$，以上对比说明了各类风险发生时对该云计算商所造成的损失影响程度高低。其中，只有网络安全和软件应用安全的损失权重较低，说明网络的影响和软件系统本身并不会给项目造成过大的损失。对于该云计算商损失的影响主要存在于数据安全的保护、物理安全的保障、商业的运作及权限的管理和控制上。

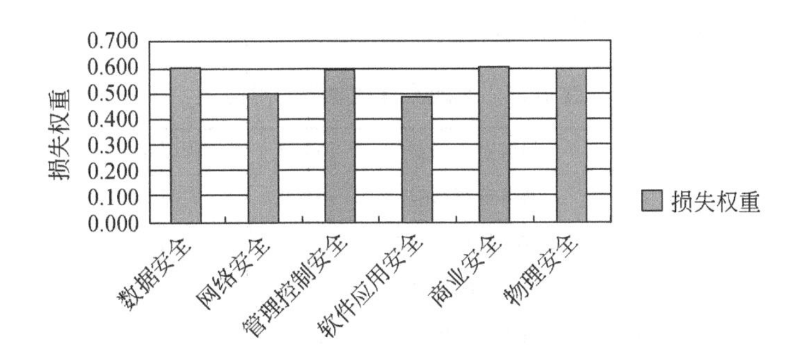

图6-4　各类风险损失权重对比图

从图6-5的对比能够看出，不确定性程度从高到低依次是：物理安全 $H(\beta_3)$>软件应用安全 $H(\beta_5)$>网络安全 $H(\beta_2)$>管理控制安全 $H(\beta_4)$>数据安全 $H(\beta_1)$>商业安全 $H(\beta_6)$，以上对比说明了各类风险发生的管理控制难度，其中不确定性程度越高的类风险发生的原因越难确定。其中尤以商业安全的不确定性程度最低，与实际情况相符，说明当出现商业风险时能够较为明确地知道其发生原因。同样，数据安全和管理控制安全风险发生时，也能够较为明显地知道风险发生的原因，相对于其余风险在风险的控制和把握上较为容易。

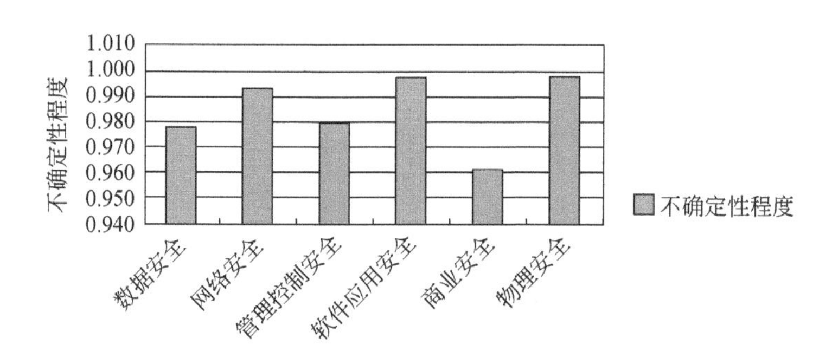

图 6-5　各类风险不确定性程度对比图

而相比之下软件应用安全、网络安全、物理安全等却是该云计算商难以把控的，风险发生的随机性较强。

(4) 基于底层风险因素的对比评估

1）云计算安全威胁频率。对于该云计算商风险威胁频率较高的依次是网络风险、数据风险和管理控制风险，要分析对这三者影响最大的风险因素，可以根据各风险因素威胁频率值$P(\alpha_j)$进行对比，见表 6-11。

表 6-11　风险因素威胁频率对比

数据安全因素	$P(\alpha_j)$	网络安全因素	$P(\alpha_j)$	管理安全因素	$P(\alpha_j)$
数据加密	3.467	网络带宽影响	4.200	内部人员威胁	3.267
数据隔离	3.200	不安全接口和 API	3.200	访问权限控制	3.067
数据迁移	2.133	访问权限控制	3.067	密钥管理	2.933
数据销毁	2.067	网络恶意攻击	2.867	身份认证	2.867
数据备份与恢复	1.800	身份认证	2.867	数据备份与恢复	1.800
数据存放位置	1.733			调查支持	1.533

通过观察上表，能够发现对该云计算商安全威胁频率较高，即 $P(\alpha_j)>3$ 的风险因素主要包括：

数据加密、数据隔离两者对于数据安全的威胁频率较高。

网络带宽影响、不安全接口和 API、访问权限控制对于网络安全的威胁频率较高。

内部人员威胁、访问权限控制对于管理控制安全的威胁频率较高。

这说明这些风险因素是影响该云计算安全的主要原因。对于该云计算商，要降低在长期运作过程中风险发生的可能，应围绕这些因素加强对数据、网络和管理控制的安全，进行定期的维护检查。

2）云计算安全损失权重。该云计算商运作过程中风险损失权重较高的依次是商业安全风险、数据安全风险、管理安全风险和物理安全风险，要分析对这些安全影响最大的风险因素，可以根据底层各风险因素的损失权重值 $C(\alpha_j)$ 进行对比，见表 6-12。

表 6-12　风险因素损失权重对比

商业安全因素	$C(\alpha_j)$	网络安全因素	$C(\alpha_j)$	管理安全因素	$C(\alpha_j)$	物理安全因素	$C(\alpha_j)$
法规遵从	2.733	网络恶意攻击	2.200	身份认证	3.133	数据存放位置	2.800
服务商可审查性	2.800	网络带宽影响	1.333	访问权限控制	3.000	硬件设施配置	3.800
服务商生存能力	4.133	不安全接口和 API	3.267	密钥管理	2.867	监管机制及配套设施	2.267
内部人员威胁	3.533	身份认证	3.133	内部人员威胁	3.533		
		访问权限控制	3.000	数据备份与恢复	2.533		
				调查支持	1.867		

通过观察表（6-12），能够发现对该云计算商损失影响较大，即 $C(\alpha_j)>3$ 的风险因素主要包括：

商业安全中服务商生存能力、内部人员威胁两者对于项目潜在的损失影响较大。

网络安全中访问权限控制、不安全接口和 API 身份认证等因素对于项目潜在的损失影响较大。

管理安全中身份认证、内部人员威胁、访问权限控制等因素对于项目潜在的损失影响较大。

物理安全中硬件设施配置对于项目潜在的损失影响较大。

这说明这些风险因素所引发的风险将对该云计算商造成较大的损失影响。对于该云计算商，要降低和控制风险发生时可能造成的经济损失影响，应该重点围绕这些因素加强相关的安全保护。

3）云计算安全不确定性程度。在该云计算商风险环境下，不确定性程度较高的风险依次物理安全风险、软件应用安全风险和网络安全风险，通过对底层各风险因素不确定性程度 $H(\alpha_j)$ 的判断，能够解释在当前云计算环境下风险因素的复杂程度，其中不确定性程度越高的风险因素越难以把控（表 6-13）。

表 6-13　风险因素不确定性程度对比

物理安全因素	$H(\alpha_j)$	软件应用安全因素	$H(\alpha_j)$	网络安全因素	$H(\alpha_j)$
数据存放位置	0.542	不安全接口和 API	0.514	网络恶意攻击	0.545
硬件设施配置	0.433	软件更新及升级隐患	0.601	网络带宽影响	0.523
监管机制及配套设施	0.000	操作失误	0.601	不安全接口和 API	0.514
				身份认证	0.511
				访问权限控制	0.343

通过观察上表，能够发现在该云计算商风险环境下不确定性程度较高的风险因素很多，其中不确定性较高的主要集中在软件应用方面，如软件更新及升级隐患和操作失误等都存在较大的随机性，难以通过有效的方法进行管控。相比之下，监管机制及配套设施、访问权限控制和硬件设施配置等都是能够进行有效管理和控制的。通过不确定性程度的对比，服务商要提升整个云计算的安全，应该着手从当前较为明确并且能够有效管理的方面进行改善，如设备的监控、访问权限的控制、硬件设施配置、不安全接口和身份认证等。

6.2.3　评估结果分析

综上所述，本章将所提出的云计算安全风险模型代入到具体的案例中进行分析，在风险度量的基础上，从整体到部分逐步深入地展开了详细的评估分析，所得评估结果包括：

1）本章所提出的风险评估模型定义了风险的隶属等级，对该云计算商整个的风险环境进行了评估，得到其值为 0.452，按照风险隶属等级表的划分，其属于一般风险级别，说明该云计算风险的隶属等级尚处于能够接受的范围，该风险环境并不会对服务商的云计算服务过程造成太大的影响，通过定期维护与检查能够保障其云计算系统较为稳定地运营下去。

2）本章将云计算安全分为六个方面，并对每个方面的风险等级进行了评估，通过评估结果用户能够详细了解到该云计算商在数据安全、网络安全、物理安全、管理控制安全、软件应用安全和商业安全等不同方面的安全性程度。

3）本章对风险隶属等级的评估综合考虑了风险的威胁频率、不确定性程度和损失影响权重三方面的因素，通过评估结果的对比，能够使用户更加详细地了解到该云计算商的安全性能。

4）最终本章风险的评估针对最底层各风险因素，从威胁频率、不确定性程度和损失影响权重三方面展开了详细的量化分析，为服务商加强云计算安全的保护提供了详细的参考数据。根据不同的需求，云计算商能够参考所给出的评估结果进行相应的管理和维护，从而提升其安全指数。

总的来看，本章所提出的风险评估模型不仅为用户选择提供了重要的评估结果，通过评估结果的对比用户能够选择适合自己的云计算服务商。同时，本章所提出的风险评估模型也为服务商本身提供了重要的参考价值，通过风险的评估，服务商能够意识到自身在安全方面的缺失或不足，从而针对具体的风险因素采取相应的安全保护措施。可见，本章所提出的风险评估模型具有重要的价值和意义。

6.3　模型的优势及合理性

6.3.1　模型的优势

本章所提出的云计算安全风险评估模型相对于以往风险评估的优势主要有以下几点：

1）定量的风险环境描述。本章的研究将风险的评估提升到了定量分析的层面，相比定性的风险评估更能够准确描述当前云计算系统所处的风险环境。

2）建立了系统的风险评估体系。从不同层次、不同类别和不同影响实现了对云计算安全的风险评估，包括以下方面。

不同层次：目标层、风险类层、风险因素层；

不同类别：数据安全、网络安全、物理安全、管理控制安全、软件应用安全和商业安全等；

不同方面：威胁频率、不确定性程度、损失权重。

3）定义了风险的隶属等级。为风险的评估和对比建立了参考标准，用户能够根据量化评估结果的对比，了解到云计算商所能够提供的服务安全，从而选择适合自己的云计算商。

4）评估结果的应用性强。该风险评估模型不仅能够为用户提供可参考的评估结果，并且能够帮助云服务商找到自身服务安全薄弱的环节，从而进行合理的调整。

6.3.2　模型的合理性

本章所提出的云计算安全风险评估模型主要建立在第 4 章风险度量的基础上，通过第 4 章的论证已知所建立的度量模型是科学合理的。在这里本章将主要针对该模型评估体系的建立、评估方法的选择及评估过程的展开进行论证。

本章风险评估体系按照安全风险属性模型的划分，同样将云计算安全分为了目标层、风险类层和因素层三个层次，其中因素层由之前风险因素的梳理研究所得，在第 4 章已经论证其合理性。而风险类层的设定则是结合云计算服务本身的特点，围绕实际交付过程中用户最为关心的问题划分所得，它们分别是数据的安全、网络的安全、物理安全、管理控制安全、软件应用安全和商业安全。各类风险的划分体现了云计算安全多方面的特征，具有代表性，使得整个风险评估体系建立更为全面合理。

而就其评估方法和过程而言，其风险的评估建立在风险属性模型的基础上，由最底层的风险因素展开，逐渐上升到对各风险类，以至于对整个云计算安全风险环境的评估，其评价过程循序渐进、中间没有跨度，所得到的评价结果都有据可依，建立在真实可靠的风险因素评估结果基础上。

模型所采用的信息熵方法，有效地降低了各专家在对底层各风险因素进行评估时所产生的主观偏差，并且能够通过熵权的大小反映各因素对最终结果的影响权重（即评估权重），从而根据其权重大小最终决定云计算安全风险的隶属等级。而采用马尔可夫链的方法，则能够有效地反映在实际运作过程中云计算风险的随机发生状态，相比于传统的研究更能够体现真实的云计算风险环境，从而缩小研究结果与真实情况之间的差距。

综上所述，本章所提出的云计算安全风险评估模型真实可靠，所采用的方法具有一定的特色，即减少了人为主观因素的影响，又全面反映了云计算风险的随机状态，对于最终评估结果的判断科学合理。

第7章 基于信息熵和支持向量机的云计算安全风险评估

本章目标：

● 围绕云计算服务的安全目标、安全技术及安全问题三方面的因素，建立云计算安全技术风险指标体系。

● 以云计算安全技术风险为例，结合信息熵和支持向量机的方法，探讨在样本数据较少情况下，能够对云计算安全风险进行有效分类和评估的方法。

● 提出基于信息熵和支持向量机的云计算安全风险评估模型，并对所提出模型的优势及合理性进行说明。

在之前章节的研究中，本书根据云计算风险发生的特点及其相互关联，基于信息熵、模糊集和马尔科夫链等方法，提出了相应的云计算安全风险度量与评估模型，为云计算风险的识别、管理和控制提供了有效的研究方法，拓展了信息熵在云计算信息安全方面的研究。然而，目前关于云计算安全风险的研究仍然处于探索阶段，面对云计算风险如此复杂多样的对象，仅依靠一种度量或评估方法显然是不足够的。只有在现有方法的基础上，不断探索新的应用和研究，采用多学科交叉的综合方法从不同的角度进行分析，才能推进现有云计算安全风险研究的深入，从而丰富和完善现有风险管理和云计算研究理论体系。

在风险的度量与评估研究当中，从云服务商处所获取的采样数据较少，并且这些数据均有一定的主观性和不确定性，给云计算安全风险的研究造成了较大的困难。

因此，在面对这些特殊问题时，为了能够正确、全面地识别云计算环境下的安全风险，与之前的研究角度和方法所不同，本章将重点围绕云计算安全目标、安全技术及云计算不同服务层次上的安全问题展开研究，并结合信息熵和支持向量机方法，探讨在样本数据较少的情况下对云计算安全风险进行有效分类和评估的方法。该研究重点阐述了云计算各项安全技术与相关安全问题之间的关联，以云计算安全技术风险的评估为例，围绕云计算服务 IaaS（基础设施即服务）、

PaaS（平台即服务）、SaaS（软件即服务）等三个层次的安全问题，针对云计算安全技术风险提出了新的分类与评估方法。本章的研究对于云计算安全的评估和等级划分具有较大的意义，能够为业界提供参考，从而帮助决策者在面对一些特殊的具体问题时能够找到适合的解决技术。

7.1　云服务安全目标及技术

为了能够正确、全面地识别云计算环境下的安全风险，与之前的研究角度和方法所不同，本章将结合信息熵和支持向量机的方法，围绕云计算服务三个层次的安全目标及技术展开详细的研究。

7.1.1　云服务安全目标

云服务旨在为用户提供安全、可靠、可控的服务，让用户能够享受云服务所带来的便捷。通常判断某云计算服务的安全性需要从它的五个方面进行考虑，即云服务的保密性、完整性、可用性、可控性及不可抵赖性等五个安全指标（丁滟等，2014），其中各指标的含义分别如下。

- 保密性：保密性是用户最为关心的一个安全指标，它要求信息在服务的过程中不允许泄露给未授权的用户，即保证数据或资源在传输、存储或使用过程中只能被合法授权的用户获取或者使用。
- 完整性：完整性是一种面向信息安全的特性，它要求保证信息在服务过程中的真实和正确性，即保证数据或资源在传输、存储或者使用的过程中不会出现信息丢失，并且不会受到未授权用户恶意删除、篡改、伪造、乱序及插入等非法操作的特性。
- 可用性：可用性指合法的、已授权的用户在使用云服务过程中，能够有效地、高效地且满意地为用户提供服务的能力，也指用户的资源不会被损坏，能够保持正常使用的能力。
- 可控性：可控性指对云服务过程中所产生的信息具有实时有效的控制能力，即能够对云中的资源、用户行为、系统行为实施安全管理与实时监控，防止资源或者云服务遭到恶意者的滥用。
- 不可抵赖性：不可抵赖性又称不可否认性，指当某事件发生以后（如交易行为），能够通过 IP 追踪、日志记录、身份认证和数字签名等方法确立某用户在某时刻的行为，使该事件的所有参与者都不能否认曾完成的操作和承诺。

根据以上云服务安全目标，本章将探讨与这些安全目标密切相关的安全技术。

7.1.2　云服务安全技术

本章通过跟踪云计算前沿理论、调查分析当前云计算应用和研究现状，在参阅了相关文献（卢宪雨，2012；程玉珍，2013；陈全和邓倩妮，2009；罗军舟等，2011；张显龙，2013；冯登国等，2011）的基础上，综合考虑云服务的设备、数据、管理和控制等安全，经过凝练列举出如下所示的相关安全技术，并阐述这些技术期望达到的安全目标：

● 设备保护技术：该技术能够保护云计算中心所涉及的硬件设备（服务器、网线等），保证其正常运转和工作，从而降低因设备故障而造成的服务中断、数据丢失等风险。

● 设备监控技术：该技术能够保证物理设备不会被人为损坏及及时发现设备出现的故障，从而降低因内部员工或者其他人员滥用职权而造成设备损坏、服务中断等风险。

● 数据销毁技术：该技术能够将用户删除不彻底及因退出云服务而残留的数据彻底清除，从而降低数据泄露等风险。

● 数据备份与恢复技术：该技术能够按时备份用户数据，并在需要时及时、快速地恢复用户数据，从而降低因设备故障、自然灾害等原因造成的数据丢失或不可用等风险。

● 数据校验技术：该技术能够及时发现用户数据不完整的情况，从而降低因数据部分丢失等而造成的数据不完整或不可用的风险。

● 数据加密技术：该技术能够对传输、存储中的数据进行加密，使数据以密文形式存在，保证数据的安全，从而降低因非法拦截和攻击、非法授权访问和窃取等造成的数据泄露、篡改等风险。

● 数据切分技术：该技术将用户的数据分成若干部分，分别存储在不同的服务器上，以保证恶意者无法获取用户完整数据，保证数据的安全，从而降低了因窃取、非法访问等造成的数据泄露等风险。

• 身份认证与访问控制技术：该技术能够保证用户合法访问自己的数据和使用已订服务，无法访问、获取或者使用其他用户的数据和服务，从而降低因非法授权访问等造成的数据泄露、数据篡改等风险。

• 入侵检测与 DDos 防范技术：该技术能够及时发现云系统中是否有违反安全策略的行为和被攻击的迹象，同时能够对攻击和入侵行为进行防范，从而降低因 DDos 攻击、非法入侵等行为造成的服务中断、服务不可用及数据遭窃、泄露等风险。

• 虚拟机安全技术：该技术能够保证云计算平台中虚化软件和虚拟主机的安全，防止非法访问、非法攻击漏洞等问题的发生，从而降低了服务中断、数据泄露等风险。

• 病毒防护技术：该技术能够及时发现、隔离及查杀云平台中的病毒，从而降低了因病毒感染而造成的服务不可用、数据泄露、数据不可用等风险。

• 接口与 API 保护技术：该技术能够保护脆弱的、不安全的接口和 API，从而降低因不安全的接口和 API 遭到窃听或者攻击而造成数据拦截、窃取、泄露及服务不可用等风险。

• 数据隔离技术：该技术能够保证云中数据与数据之间的隔离存储，从而降低了数据泄露等风险。

• 分布式处理技术：该技术使得用户在云中修改或者删除自己的数据，能够确保所有的副本都进行了修改，从而降低了数据因修改后造成不一致或者不可用等风险。

• 密文检索与处理技术：该技术能够保证已加密的数据在处理、使用过程中的安全性及能够被快速检索，从而降低了数据在使用过程中遭窃等造成的数据泄露等风险。

• 资源调度与分配技术：该技术能够解决实时、动态扩展等问题，从而降低了因服务器增减、用户增减等情况造成的服务中断、资源无法及时分配等风险。

• 容错技术：该技术能够解决云计算系统、软件等容错问题，使得在事故后能够恢复到发生事故前的状态，从而降低了数据丢失、数据损坏、数据不可用及服务中断或不可用的风险。

• 多租户技术：该技术能够保证成千上万用户在使用同一个云平台时数据、应用、资源等安全，从而降低因资源消耗过大、非法访问等造成的服务中断、数据泄露等风险。

● 安全审计技术：安全审计是系统安全建设的重要技术手段，能够对云计算环境下的活动或者行为进行检查和验证，从而降低了因非法访问、非法操作等带来的风险。

本章针对 7. 1. 1 小节所提出的云服务安全目标，详细阐述了与之相关的云服务安全技术，同时介绍了这些技术的具体效用，如使用该项技术能够降低何种安全风险、该项技术能够保障云服务的哪些安全性。最后经过归纳整理，得到表 7-1 所示的结果。

表 7-1　云计算技术及其安全目标

序号	云服务安全技术	安全目标				
		保密性	完整性	可用性	可控性	不可抵赖性
1	设备保护技术			●		
2	设备监控技术			●	●	●
3	数据销毁技术	●				
4	数据备份与恢复技术		●	●		
5	数据校验技术		●			
6	身份认证与访问控制技术	●	●		●	
7	数据加密技术	●	●			
8	入侵检测与 DDos 防范技术	●		●	●	●
9	数据切分技术	●				
10	虚拟机安全技术			●	●	
11	病毒防护技术	●	●	●		
12	接口与 API 保护技术	●	●	●		
13	数据隔离技术	●	●			
14	分布式处理技术		●	●		
15	密文检索与处理技术	●		●		
16	资源调度与分配技术			●		
17	容错技术		●	●		
18	多租户技术			●	●	
19	安全审计技术				●	●

该表反映了云计算服务相关技术和安全目标之间的关联，某项技术可能只关系到其中一项安全指标，也有可能关系到多项安全指标，如设备保护技术对于云

服务的可用性较为重要，而设备监控技术则关系到整个服务的可用性、可控性和不可抵赖性等三个方面。

7.2　云服务各层次安全问题

云服务总体可以划分为三个层次，如图7-1所示。

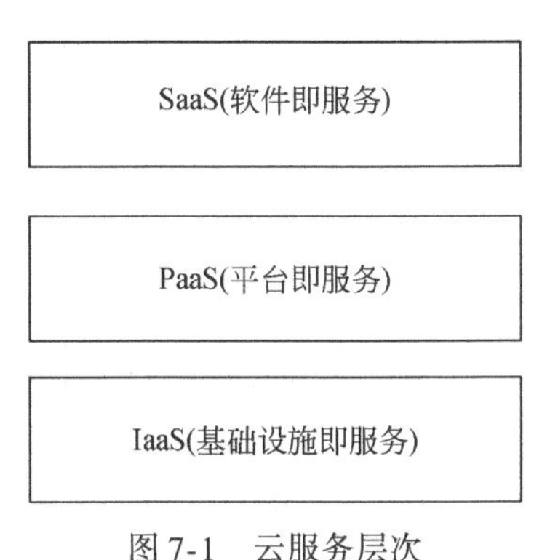

图7-1　云服务层次

云服务的三个层次由低到高分别是：

1）底层的IaaS层（基础设施即服务）的模式，其表示云服务商将计算、存储等资源作为服务提供给用户，用户通过按需支付的方法就能够便捷地获得价格低廉且完善的资源。

2）中间层的PaaS（平台即服务）的模式，其表示云服务商能够向用户提供软件开发平台的服务，即表示当用户需要某开发平台而本身又并不具备相关条件的情况下，无需单独购买和部署软件开发平台，只需向云服务商租赁相关平台，通过Internet即可访问和使用。

3）顶层的SaaS（软件即服务）的模式，其表示云服务商将各种软件部署在云端，然后以服务的方式提供给用户。用户无需购买相关软件版权，使用服务商所提供的接口就能够使用该软件。

以上三层服务模式，改变了传统服务模式的特点，将计算能力作为一种商品通过网络进行买卖，实现了基础设施、开发平台和软件应用等多形式的服务，体现了云计算服务的多样性，从不同层次向用户提供了不同的服务。用户在使用的过程中能够根据自身的需求订制服务，并按照按需租用的模式进行付费。当用户与服务商达成协议后，用户不需要了解具体的技术实现，只需要通过一组特定的接口便能获取相应的服务，而不再需要花费设备购买、应用部署和运行维护的开支，极大地节省了用户的投资成本，整个服务可谓“物美价廉”。

虽然云计算服务具有诸多特点，并且能为用户带来较大的经济效益。但是，目前云服务在技术运营、法律法规等方面的松散，再加上每一层所提供服务的特点和应用需求，就导致了在不同的服务层将会形成不同的安全问题，给用户或者云服务商带来不可估量的损失。鉴于此，接下来将结合具体的应用需求，基于邓谦（2013）对云计算安全问题的研究，全面梳理云服务平台每个服务层次的主要安全隐患。

7.2.1 IaaS 层安全问题

IaaS 层位于云计算平台的最底层，通过虚拟化技术它能够动态调度计算和存储资源。它是整个云计算服务的基础支撑，也是 PaaS 层和 SaaS 层的基本安全保障，如若 IaaS 层出现了问题，将很有可能导致整个云计算服务的中止，给企业和用户造成巨大的损失影响，其安全重要性不可谓不高。要保障 IaaS 层的安全需要综合考虑多方面的问题，其中主要包括：

（1）硬件资源问题

任何一项基于网络的技术服务都不可能脱离了硬件的支撑，云服务的运作同样如此。若要保证云计算服务的安全性，硬件资源的安全问题尤为重要，一旦某硬件设施出现故障，其所造成的经济损失将是不可预估的。例如，某物理设备（电源、网线、主机等）自身存在质量问题或者因自然灾害（地震、洪水、火灾等）而造成其损坏或者无法正常工作时，都有可能造成服务中断、数据损毁和信息丢失等风险。这些风险都将是难以维护的，某云服务商很有可能因为这一次风险而失去大量的客户。除此之外，云服务提供商内部员工的恶意行为或是疏忽都将带来这一系列的风险隐患。

（2）数据安全问题

数据作为信息的载体，其蕴含的价值极为重要，而一项云服务是否安全、可靠，往往直接取决于用户的数据安全是否能够得到保障。通常用户的数据安全可以归类为传输安全、存储安全及处理安全三个方面。

1）数据在传输的过程中，很有可能会被非法用户恶意截取，从而造成用户隐私数据泄露的风险；

2）在数据存储的过程中，可能会因为越权访问、数据丢失或者用户恶意恢复其他用户已删除的数据而造成用户数据泄露或者导致数据不完整和不可用；

3）数据在云端处理的过程中，则是以明文的形式进行管理，在此阶段数据是处于未加密的状态，这时将存在较大的数据泄露风险。

(3) 虚拟化安全问题

云计算能够及时地调度和动态分配用户所需的计算、存储资源，这在很大程度上取决于计算机的虚拟化技术，包括计算的虚拟化、存储的虚拟化及网络的虚拟化等。然而，随着用户需求的增多，云计算服务涉及的面越来越广，给当前的虚拟技术也带来了巨大的挑战，随之也形成了不少安全隐患，给不法分子带来可乘之机。诸如代码注入、网络监听、特权偷取和节点攻击等，这些问题都将造成用户数据泄露或是系统服务终止的风险。

(4) 接口安全问题

云用户在获取相应的服务时，需要通过终端（手机、计算机、平板等）进行接口访问，而此时若云服务商所提供的接口存在设计安全问题或是协议漏洞，就会存在越权访问、身份认证失败或是无法对接的问题，对于用户的隐私安全和使用体验都将造成不必要的影响。

7.2.2　PaaS层安全问题

PaaS层是云计算平台的中间层，它同样存在数据安全和接口安全的隐患，此外由于在PaaS层还包含开发环境和执行环境等内容，造成了在PaaS层资源分配的安全问题。

(1) 数据安全问题

数据加密之后，目前无法进行检索以处理，PaaS是平台即服务层，用户在该层使用数据时，数据都是未加密的，未加密的数据容易被非法访问者窃取，加大了数据泄露的概率。除此之外，云服务商对用户的数据备份之后，用户在云端对数据修改后，应该确保备份的数据也同时被修改，如果修改不同步，恢复数据后，将造成数据无法使用。

（2）接口安全问题

同样的，用户通过云服务商提供的接口和 API 获取平台资源，进而使用资源，若提供的接口、加密措施及访问控制措施不够安全，不怀好意的用户便会通过不安全的接口进行对内或者对外攻击，利用接口滥用云服务，从而造成用户数据泄露或者遭到非法访问。

（3）资源分配安全问题

在 PaaS 层将开发环境和平台能力从终端迁移到了云端，包括测试和部署等过程。在云用户使用开发平台时，需要及时、动态地调用相应的资源，并进行合理的分配，其任务繁重，如若出现资源分配不当的问题，将会造成用户无法使用所订制的服务，导致服务中断。除此之外，应该保证用户不同应用程序、数据之间的隔离，提供给用户的应用程序或者操作系统具备较好的容错性能，否则会带来服务中断或不可用、数据遭窃或者非法访问其他用户数据的问题。

7.2.3　SaaS 层安全问题

SaaS 层位于 PaaS 层之上，其服务的特点也使得该层面临许多安全问题。

（1）数据安全问题

数据安全问题也同样是 SaaS 层所面临的，用户在使用应用程序时，也需要使用未加密的数据，这就存在数据泄露的风险，同时，若应用程序存在安全问题，也同样会因为非法攻击而造成数据泄露的风险。

（2）资源分配安全问题

SaaS 层主要是为用户提供按需的软件，服务提供商将应用软件统一部署在云端，用户可以根据自身需求通过 Internet 定购所需的软件服务。云计算商需要面向数以亿计的用户提供持续的服务，同时根据用户的需求分配相应的资源，并保障不同的用户在共同使用某软件时不会受到互信的影响。

7.3　评估模型

由于云计算风险不确定性的特点，在进行定量的风险评估时不可避免会受到各专家主观偏差的影响，并且在进行云安全技术的评估时，所能够获取的完整数据样本也较为有限。因此，鉴于以上两点，在面向云计算安全技术进行风险评估时将采用信息熵和支持向量机相结合的方法，一方面是因为信息熵能够有效降低人为主观偏差对评估结果的影响；另一方面则是考虑到支持向量机在处理小样本数据时能够进行有效分类的优势。将两者运用到云计算安全风险的评估当中，是本章研究的重点，相比之前的评估方法，基于支持向量机和信息熵的评估研究将更适合于针对云计算三个服务层次安全技术的风险评估。

7.3.1　云计算安全风险指标体系

要建立基于支持向量机的云计算安全评估模型，首先需要建立系统的云计算安全技术风险指标体系。在 7.1 节、7.2 节的研究中，详细探讨了云服务的安全目标、相关技术及具体的安全问题，并分别介绍了各项技术与服务安全目标之间的关联（表 7-1）。将以上内容进行归纳整理，根据相关的安全问题建立得到如图 7-2 所示的云计算技术风险指标体系。

针对云计算三个服务层次上的技术安全问题，本章将云计算安全技术风险分为五个主要方面，分别是硬件资源风险、数据安全风险、虚拟化安全风险、接口安全风险和资源分配安全风险。围绕这五个方面的问题，根据具体风险的含义和安全目标，分别罗列出具体的技术风险因素，进而建立了详细的云计算安全技术风险指标体系，为接下来的风险研究提供了评估的依据。

如图 7-2 所示，该风险指标体系同样包含三个层次，由目标层、风险问题（风险类）层和技术风险（风险因素）层构成，同之前章节所介绍的研究方法相同，本章的风险评估同样将从最底层的风险因素展开，通过对风险因素的评估逐层深入，最终对整个云计算安全进行评估。

然而，与之前所建立的评估体系不同，本节所建立的风险评估体系主要是针对与云服务安全目标相关的安全技术进行了分析，从技术的角度提出了云计算风险评估的研究方法。其中，各安全问题和风险因素的表示见表 7-2。

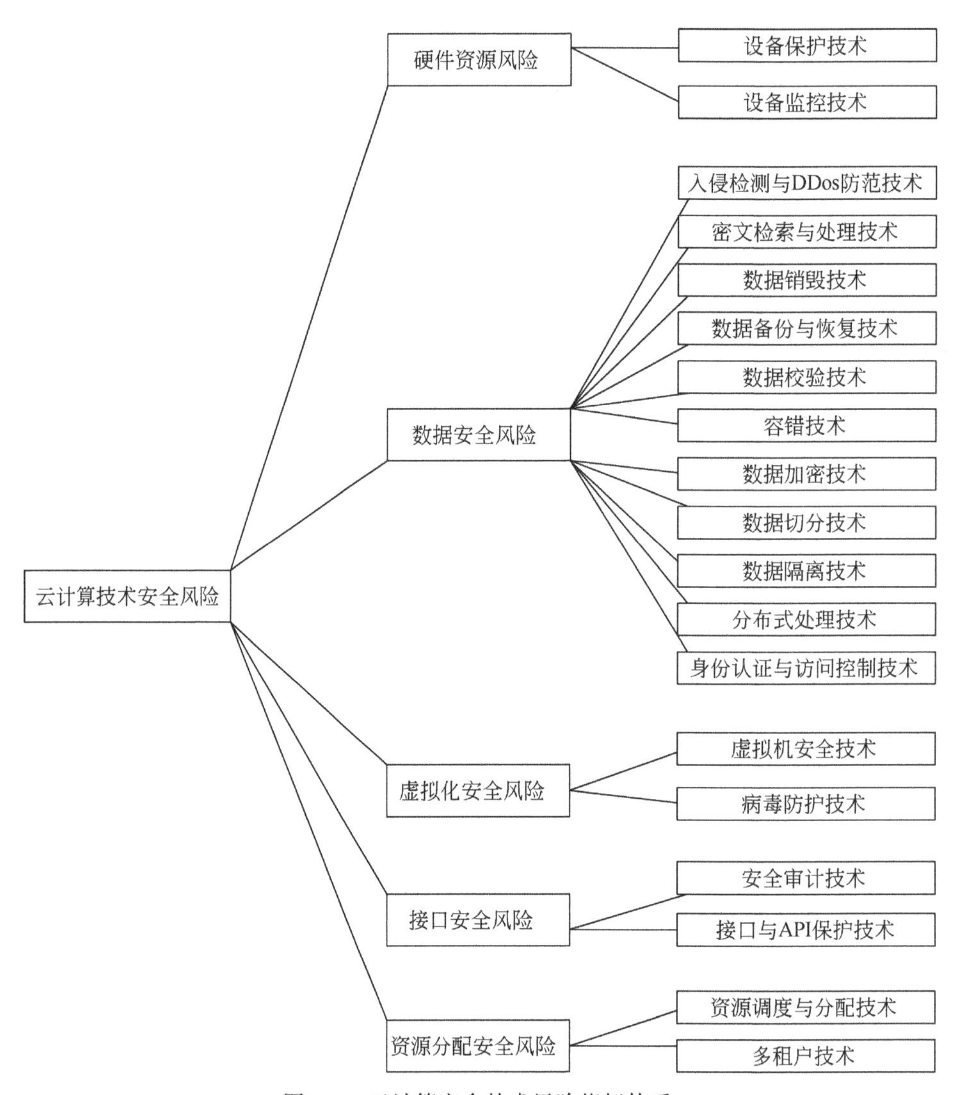

图 7-2　云计算安全技术风险指标体系

表 7-2 为专家的评估打分提供了参考，在接下来的案例研究中将聚集熟悉该领域的专家对各技术指标的重要性程度（即对云计算安全目标的影响程度）进行权重打分，从而针对整个云计算技术安全风险进行定量评估。

表 7-2　云计算安全技术风险指标表

云计算技术安全风险	硬件资源风险 B_1	设备保护技术 B_{1-1}
		设备监控技术 B_{1-2}
	数据安全风险 B_2	入侵检测与 DDos 防范技术 B_{2-1}
		密文检索与处理技术 B_{2-2}
		数据销毁技术 B_{2-3}
		数据备份与恢复技术 B_{2-4}
		数据校验技术 B_{2-5}
		容错技术 B_{2-6}
		数据加密技术 B_{2-7}
		数据切分技术 B_{2-8}
		数据隔离技术 B_{2-9}
		分布式处理技术 B_{2-10}
		身份认证与访问控制技术 B_{2-11}
	虚拟化安全风险 B_3	虚拟机安全技术 B_{3-1}
		病毒防护技术 B_{3-2}
	接口安全风险 B_4	安全审计技术 B_{4-1}
		接口与 API 保护技术 B_{4-2}
	资源分配安全风险 B_5	资源调度与分配技术 B_{5-1}
		多租户技术 B_{5-2}

7.3.2　支持向量机的分类算法

在机器学习中，支持向量机（support vector machine）是与相关的学习算法有关的监督学习模型，它能够在有限样本数据的基础上，通过机器学习对数据进行有效的分类。而支持向量机（白鹏，2008）最为核心的内容就是构造一个最优分类超平面，通过最优分类超平面的构造可以将属于两个不同类的数据点正确分开，并且使得两个分类的间隔（margin）达到最大，其思想如图 7-3 所示。

（1）二分类线性可分的问题

假设存在一组线性可分的数据样本集合 $(x_i,\ y_i)$，$i = 1,\ 2,\ \cdots,\ n$，$x_i \in$

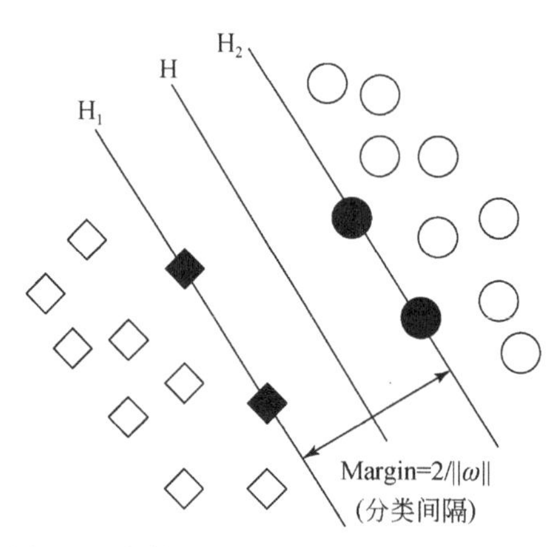

图 7-3　支持向量机最优分类超平面示意图

R^d，$y_i \in \{+1, -1\}$，该线性判别函数的一般形式为$f(x) = \omega \cdot x + b$，则两类样本之间存在一个分类面如下

$$\omega \cdot x + b = 0 \tag{7-1}$$

将判别函数进行归一化，使两个不同类的所有样本都满足$|f(x)| \geq 1$，此时离分类面最近的数据样本为$f(x) = 1$，若要求该分类面［公式（7-1）］对所有样本都能正确分类，即满足

$$y_i[(\omega \cdot x_i) + b] - 1 \geqslant 0, \ i = 1, 2, \cdots, n \tag{7-2}$$

此时两类的间隔为$\dfrac{2}{||\omega||}$，当$||\omega||$最小时，间隔达到最大，则满足公式(7-2)且使$\dfrac{1}{2}||\omega||^2$最小的分类面就是最优分类面。

因此，可以将最优分类面问题描述为如下的约束优化问题，即在公式（7-2）的约束下求如下函数的最小值

$$\phi(\omega) = \frac{1}{2}||\omega||^2 \tag{7-3}$$

为此，定义如下的 Lagrange 函数

$$L(\omega, b, \alpha) = \frac{1}{2}||\omega||^2 - \sum_{i=1}^{n} \alpha_i[y_i(\omega \cdot x_i + b) - 1] \tag{7-4}$$

式中，$\alpha_i \geqslant 0$，为 Lagrange 乘子。为求式（7-4）的最小值，分别对ω、b、α_i求偏微分并令它们等于0，得

$$\begin{cases} \dfrac{\partial L}{\partial \omega} = 0 \rightarrow \omega = \sum_{i=1}^{n} \alpha_i y_i x_i \\ \dfrac{\partial L}{\partial b} = 0 \rightarrow \sum_{i=1}^{n} \alpha_i y_i = 0 \\ \dfrac{\partial L}{\partial x_i} = 0 \rightarrow \alpha_i [y_i(\omega \cdot x_i + b) - 1] = 0 \end{cases} \tag{7-5}$$

根据公式（7-2）和公式（7-5）的约束条件，可以将上述最优分类面的求解问题转化为如下的凸二次规划寻优的对偶问题

$$\begin{cases} \max \sum_{i=1}^{n} \alpha_i - \dfrac{1}{2} \sum_{i=1}^{n} \sum_{j=1}^{n} \alpha_i \alpha_j y_i y_j (x_i \cdot x_j) \\ \text{s. t. } i \geqslant 0,\ i = 1,\ 2,\ \cdots,\ n \\ \sum_{i=1}^{n} \alpha_i y_i = 0 \end{cases} \tag{7-6}$$

式中，α_i 对应的Lagrange乘子。这是一个二次函数寻优问题，存在唯一解。若 α_i^* 为最优解，则有

$$\omega^* = \sum_{i=1}^{n} \alpha_i^* y_i x_i \tag{7-7}$$

式中：α_i^* 为不为零的样本，即为支持向量，因此最优分类面的权系数向量是支持向量的线性组合；b^* 为分类阈值，可由约束条件 $\alpha_i[y_i(\omega \cdot x_i + b) - 1] = 0$ 求解。

解上述问题后得到的最优分类函数为

$$f(\omega) = \text{sgn}\{ \sum_{i=1}^{n} \alpha_i^* y_i (x_i \cdot x) + b^* \} \tag{7-8}$$

（2）二分类线性不可分的问题

对于线性不可分的问题，则在公式（7-3）的基础上引入松弛因子 ξ 和惩罚参数 C，如下公式所示

$$\phi(\omega,\ \xi) = \frac{1}{2} || \omega ||^2 + C \sum_{i=1}^{n} \xi_i \tag{7-9}$$

$\phi(\omega,\ \xi)$ 称为非线性映射函数，通过该函数能够将输入空间的数据样本映射到高维特征空间，然后在特征空间中构造最优分类面，在最优分类面中采用适当的核函数 $k(x_i,\ x_j)$ 且满足Mercer条件，就可以将非线性的分类问题转换为线性分类的问题。

同理，按照线性可分的原理，即可得到分类函数

$$f(\omega) = \mathrm{sgn}\{\sum_{i=1}^{n} \alpha_i^* y_i k(x_i \cdot x) + b^*\} \tag{7-10}$$

其中常用的核函数 $k(x_i \cdot x)$ 有以下三类：

1）多项式核函数：$k(x, x_i) = (\langle x \cdot x_i \rangle + 1)^q$。

2）径向基核函数：$k(x, x_i) = \exp\{-\frac{||x - x_i||^2}{\sigma^2}\}$。

3）Sigmoid 核函数：$k(x, x_i) = \tanh(v < x \cdot x_i > + c)$。

7.3.3 基于信息熵和支持向量机的评估模型

上述所介绍的支持向量机算法主要是针对二分类的问题展开的，属于一般形式。但是实际的问题往往不只是二分类，通常需要处理的是多分类的问题。本章所研究的云计算安全技术风险就是一个多分类的问题，要使用支持向量机来处理此类多分类问题，就需要构造合适的多类分类器。

基于上述理论，通过分析陆红娟（2012）使用熵与支持向量机评价煤矿安全的研究，构建了适用于云计算安全的评估模型，如图 7-4 所示。

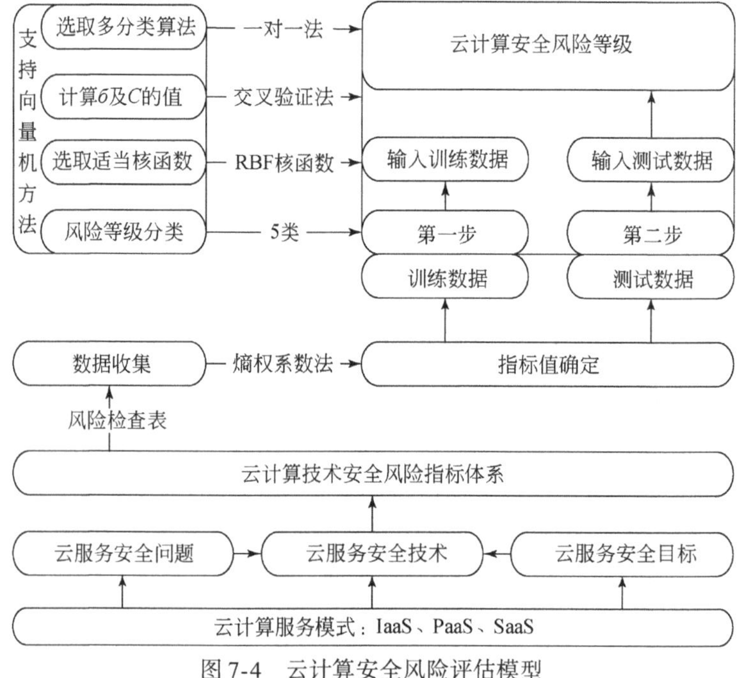

图 7-4 云计算安全风险评估模型

该模型的研究步骤如下：

1）云计算技术安全风险指标体系的建立。首先，该模型根据云服务三个不同层次的特点，围绕云计算服务的安全目标、相关技术及具体问题展开了详细的探讨，并在此基础上通过调查分析和文献研究的方法，最终经过梳理建立了用于评估的云计算技术安全风险指标体系，为接下来的风险评估奠定了基础。

2）基于信息熵的专家指标评估。云计算技术风险的评估需要建立在专家评估的基础上，缺少了专家的评估结果就不可能进行定量的评估。然而，专家的评估必然会存在人为主观的偏差。因此，为了能够有效降低人为主观因素对评估结果的影响，本章将结合信息熵的方法进行评估结果的判断，即通过熵权系数法判断各专家打分对最终评估结果的贡献程度，从而最终确定各指标的权重值。

3）基于支持向量机的风险分类。风险评估的目的是对风险进行识别，从而判断云服务的安全性，这就要求在进行风险识别前需要对风险的大小等级进行定义和分类。对此，本章将采用支持向量机的方法针对云计算安全风险进行有效的分类，如图7-4所示，本章将云计算安全风险分为了五个等级，为风险的识别提供了参考。

4）云计算安全风险隶属等级的判断。最终，在得到了专家评估结果和各类风险隶属等级后，根据风险隶属等级的划分，将具体案例的风险指标值（即评估结果）代入，进行定量的分析便能够有效地评估整个云计算服务的安全性。

7.4　案例研究

7.4.1　基于信息熵的专家评估过程

在建立了上述评估研究模型后，将该模型代入到具体的案例中进行实证分析。

步骤1：评估打分

根据图7-4的模型研究步骤，在进行评估前，本研究组首先邀请了12名熟悉该领域的专家分别针对12家不同规模的云服务商进行了调查分析，并根据图7-2所示的风险指标体系制定了相应的风险检查表，进而为各个指标进行量化打分，如表 7-3 所示，按照 10 分制将云计算安全风险分为了 5 个级别。

表 7-3　云计算安全技术风险检查表

<table>
<tr><td colspan="8">云计算安全技术风险检查表</td></tr>
<tr><td rowspan="30">云计算技术安全风险检查表</td><td>B_1</td><td colspan="6">硬件资源风险</td></tr>
<tr><td colspan="2" rowspan="3">评价指标</td><td colspan="5">量化打分</td></tr>
<tr><td colspan="5">安全风险等级</td></tr>
<tr><td>高</td><td>较高</td><td>中等</td><td>较低</td><td>低</td></tr>
<tr><td>B_{1-1}</td><td>设备保护技术</td><td></td><td></td><td></td><td></td><td></td></tr>
<tr><td>B_{1-2}</td><td>设备监控技术</td><td></td><td></td><td></td><td></td><td></td></tr>
<tr><td>B_2</td><td colspan="6">数据安全风险</td></tr>
<tr><td colspan="2" rowspan="3">评价指标</td><td colspan="5">量化打分</td></tr>
<tr><td colspan="5">安全风险等级</td></tr>
<tr><td>高</td><td>较高</td><td>中等</td><td>较低</td><td>低</td></tr>
<tr><td>B_{2-1}</td><td>入侵检测与 DDoS 防范技术</td><td></td><td></td><td></td><td></td><td></td></tr>
<tr><td>B_{2-2}</td><td>密文检索与处理技术</td><td></td><td></td><td></td><td></td><td></td></tr>
<tr><td>B_{2-3}</td><td>数据销毁技术</td><td></td><td></td><td></td><td></td><td></td></tr>
<tr><td>B_{2-4}</td><td>数据备份与恢复技术</td><td></td><td></td><td></td><td></td><td></td></tr>
<tr><td>B_{2-5}</td><td>数据校验技术</td><td></td><td></td><td></td><td></td><td></td></tr>
<tr><td>B_{2-6}</td><td>容错技术</td><td></td><td></td><td></td><td></td><td></td></tr>
<tr><td>B_{2-7}</td><td>数据加密技术</td><td></td><td></td><td></td><td></td><td></td></tr>
<tr><td>B_{2-8}</td><td>数据切分技术</td><td></td><td></td><td></td><td></td><td></td></tr>
<tr><td>B_{2-9}</td><td>数据隔离技术</td><td></td><td></td><td></td><td></td><td></td></tr>
<tr><td>B_{2-10}</td><td>分布式处理技术</td><td></td><td></td><td></td><td></td><td></td></tr>
<tr><td>B_{2-11}</td><td>身份认证与访问控制技术</td><td></td><td></td><td></td><td></td><td></td></tr>
<tr><td>B_3</td><td colspan="6">虚拟化安全风险</td></tr>
<tr><td colspan="2" rowspan="3">评价指标</td><td colspan="5">量化打分</td></tr>
<tr><td colspan="5">安全风险等级</td></tr>
<tr><td>高</td><td>较高</td><td>中等</td><td>较低</td><td>低</td></tr>
<tr><td>B_{3-1}</td><td>虚拟机安全技术</td><td></td><td></td><td></td><td></td><td></td></tr>
<tr><td>B_{3-2}</td><td>病毒防护技术</td><td></td><td></td><td></td><td></td><td></td></tr>
<tr><td>B_4</td><td colspan="6">接口安全风险</td></tr>
</table>

续表

	评价指标		量化打分				
			安全风险等级				
			高	较高	中等	较低	低
云计算技术安全风险检查表	B_{4-1}	安全审计技术					
	B_{4-2}	接口与 API 保护技术					
	B_5	资源分配安全风险					
	评价指标		量化打分				
			安全风险等级				
			高	较高	中等	较低	低
	B_{5-1}	资源调度与分配技术					
	B_{5-2}	多租户技术					

备注：低，0 ~ 2；较低，2 ~ 4；中等，4 ~ 6；较高，6 ~ 8；高，8 ~ 10。

这 12 名专家根据风险检查表，分别针对 12 家云服务商进行了打分评估，经过梳理所得结果见表 7-4 ~ 表 7-15。

表 7-4　专家 A 对云服务商 A 的指标打分

B_{1-1}	B_{1-2}	B_{2-1}	B_{2-2}	B_{2-3}	B_{2-4}	B_{2-5}	B_{2-6}	B_{2-7}	B_{2-8}
7.0	5.0	2.5	4.8	3.0	1.5	5.6	4.0	2.0	3.5
B_{2-9}	B_{2-10}	B_{2-11}	B_{3-1}	B_{3-2}	B_{4-1}	B_{4-2}	B_{5-1}	B_{5-2}	
7.0	6.0	3.5	6.0	4.2	5.4	5.0	4.5	3.5	

表 7-5　专家 B 对云服务商 B 的指标打分

B_{1-1}	B_{1-2}	B_{2-1}	B_{2-2}	B_{2-3}	B_{2-4}	B_{2-5}	B_{2-6}	B_{2-7}	B_{2-8}
1.5	2.0	3.5	3.0	3.0	2.5	2.3	2.0	2.0	2.0
B_{2-9}	B_{2-10}	B_{2-11}	B_{3-1}	B_{3-2}	B_{4-1}	B_{4-2}	B_{5-1}	B_{5-2}	
3.5	3.5	3.0	2.5	3.0	1.5	2.8	3.0	3.0	

表 7-6　专家 C 对云服务商 C 的指标打分

B_{1-1}	B_{1-2}	B_{2-1}	B_{2-2}	B_{2-3}	B_{2-4}	B_{2-5}	B_{2-6}	B_{2-7}	B_{2-8}
4.0	3.5	5.5	4.5	3.8	3.0	3.5	5.5	5.0	4.8
B_{2-9}	B_{2-10}	B_{2-11}	B_{3-1}	B_{3-2}	B_{4-1}	B_{4-2}	B_{5-1}	B_{5-2}	
4.0	6.0	4.0	4.5	4.0	5.5	4.5	5.0	4.5	

表 7-7　专家 D 对云服务商 D 的指标打分

$B_{1\text{-}1}$	$B_{1\text{-}2}$	$B_{2\text{-}1}$	$B_{2\text{-}2}$	$B_{2\text{-}3}$	$B_{2\text{-}4}$	$B_{2\text{-}5}$	$B_{2\text{-}6}$	$B_{2\text{-}7}$	$B_{2\text{-}8}$
9.0	8.0	6.0	8.0	7.0	7.8	6.5	8.0	5.5	6.8
$B_{2\text{-}9}$	$B_{2\text{-}10}$	$B_{2\text{-}11}$	$B_{3\text{-}1}$	$B_{3\text{-}2}$	$B_{4\text{-}1}$	$B_{4\text{-}2}$	$B_{5\text{-}1}$	$B_{5\text{-}2}$	
7.0	7.5	8.7	7.0	8.0	8.5	7.0	7.0	8.0	

表 7-8　专家 E 对云服务商 E 的指标打分

$B_{1\text{-}1}$	$B_{1\text{-}2}$	$B_{2\text{-}1}$	$B_{2\text{-}2}$	$B_{2\text{-}3}$	$B_{2\text{-}4}$	$B_{2\text{-}5}$	$B_{2\text{-}6}$	$B_{2\text{-}7}$	$B_{2\text{-}8}$
4.0	1.0	3.0	1.0	3.5	3.0	2.0	2.5	2.5	3.0
$B_{2\text{-}9}$	$B_{2\text{-}10}$	$B_{2\text{-}11}$	$B_{3\text{-}1}$	$B_{3\text{-}2}$	$B_{4\text{-}1}$	$B_{4\text{-}2}$	$B_{5\text{-}1}$	$B_{5\text{-}2}$	
1.5	3.0	2.5	3.0	2.0	1.0	3.0	2.0	2.5	

表 7-9　专家 F 对云服务商 F 的指标打分

$B_{1\text{-}1}$	$B_{1\text{-}2}$	$B_{2\text{-}1}$	$B_{2\text{-}2}$	$B_{2\text{-}3}$	$B_{2\text{-}4}$	$B_{2\text{-}5}$	$B_{2\text{-}6}$	$B_{2\text{-}7}$	$B_{2\text{-}8}$
7.0	8.0	5.5	8.5	6.5	6.5	6.0	6.0	8.0	6.5
$B_{2\text{-}9}$	$B_{2\text{-}10}$	$B_{2\text{-}11}$	$B_{3\text{-}1}$	$B_{3\text{-}2}$	$B_{4\text{-}1}$	$B_{4\text{-}2}$	$B_{5\text{-}1}$	$B_{5\text{-}2}$	
7.0	8.0	7.0	8.5	6.0	6.0	5.0	7.0	6.0	

表 7-10　专家 G 对云服务商 G 的指标打分

$B_{1\text{-}1}$	$B_{1\text{-}2}$	$B_{2\text{-}1}$	$B_{2\text{-}2}$	$B_{2\text{-}3}$	$B_{2\text{-}4}$	$B_{2\text{-}5}$	$B_{2\text{-}6}$	$B_{2\text{-}7}$	$B_{2\text{-}8}$
0.5	1.0	1.0	1.0	1.0	3.0	1.0	1.3	2.0	1.0
$B_{2\text{-}9}$	$B_{2\text{-}10}$	$B_{2\text{-}11}$	$B_{3\text{-}1}$	$B_{3\text{-}2}$	$B_{4\text{-}1}$	$B_{4\text{-}2}$	$B_{5\text{-}1}$	$B_{5\text{-}2}$	
1.0	2.0	1.0	0.5	2.0	2.0	1.0	0.5	1.0	

表 7-11　专家 H 对云服务商 H 的指标打分

$B_{1\text{-}1}$	$B_{1\text{-}2}$	$B_{2\text{-}1}$	$B_{2\text{-}2}$	$B_{2\text{-}3}$	$B_{2\text{-}4}$	$B_{2\text{-}5}$	$B_{2\text{-}6}$	$B_{2\text{-}7}$	$B_{2\text{-}8}$
9.0	9.5	9.0	9.0	9.5	9.5	8.5	9.5	9.5	9.0
$B_{2\text{-}9}$	$B_{2\text{-}10}$	$B_{2\text{-}11}$	$B_{3\text{-}1}$	$B_{3\text{-}2}$	$B_{4\text{-}1}$	$B_{4\text{-}2}$	$B_{5\text{-}1}$	$B_{5\text{-}2}$	
9.0	9.5	9.0	9.0	9.5	9.5	9.0	9.5	9.0	

表 7-12　专家 I 对云服务商 I 的指标打分

$B_{1\text{-}1}$	$B_{1\text{-}2}$	$B_{2\text{-}1}$	$B_{2\text{-}2}$	$B_{2\text{-}3}$	$B_{2\text{-}4}$	$B_{2\text{-}5}$	$B_{2\text{-}6}$	$B_{2\text{-}7}$	$B_{2\text{-}8}$
0.5	0.5	1.0	1.5	0.5	1.5	0.5	1.5	1.0	1.0
$B_{2\text{-}9}$	$B_{2\text{-}10}$	$B_{2\text{-}11}$	$B_{3\text{-}1}$	$B_{3\text{-}2}$	$B_{4\text{-}1}$	$B_{4\text{-}2}$	$B_{5\text{-}1}$	$B_{5\text{-}2}$	
1.0	1.0	2.0	1.0	1.0	0.5	1.0	1.0	1.5	

表 7-13　专家 J 对云服务商 J 的指标打分

$B_{1\text{-}1}$	$B_{1\text{-}2}$	$B_{2\text{-}1}$	$B_{2\text{-}2}$	$B_{2\text{-}3}$	$B_{2\text{-}4}$	$B_{2\text{-}5}$	$B_{2\text{-}6}$	$B_{2\text{-}7}$	$B_{2\text{-}8}$
9.0	8.5	9.0	9.5	9.0	9.5	9.0	9.0	9.5	9.0
$B_{2\text{-}9}$	$B_{2\text{-}10}$	$B_{2\text{-}11}$	$B_{3\text{-}1}$	$B_{3\text{-}2}$	$B_{4\text{-}1}$	$B_{4\text{-}2}$	$B_{5\text{-}1}$	$B_{5\text{-}2}$	
9.0	9.5	9.0	9.0	9.0	9.5	9.0	9.0	9.0	

表 7-14　专家 K 对云服务商 K 的指标打分

$B_{1\text{-}1}$	$B_{1\text{-}2}$	$B_{2\text{-}1}$	$B_{2\text{-}2}$	$B_{2\text{-}3}$	$B_{2\text{-}4}$	$B_{2\text{-}5}$	$B_{2\text{-}6}$	$B_{2\text{-}7}$	$B_{2\text{-}8}$
3.0	4.0	2.0	4.0	4.5	6.5	5.5	6.0	4.0	7.0
$B_{2\text{-}9}$	$B_{2\text{-}10}$	$B_{2\text{-}11}$	$B_{3\text{-}1}$	$B_{3\text{-}2}$	$B_{4\text{-}1}$	$B_{4\text{-}2}$	$B_{5\text{-}1}$	$B_{5\text{-}2}$	
5.5	4.5	4.0	4.0	5.0	2.5	3.5	5.0	4.0	

表 7-15　专家 L 对云服务商 L 的指标打分

$B_{1\text{-}1}$	$B_{1\text{-}2}$	$B_{2\text{-}1}$	$B_{2\text{-}2}$	$B_{2\text{-}3}$	$B_{2\text{-}4}$	$B_{2\text{-}5}$	$B_{2\text{-}6}$	$B_{2\text{-}7}$	$B_{2\text{-}8}$
2.0	3.0	2.5	4.5	4.0	3.0	5.0	3.5	2.0	2.0
$B_{2\text{-}9}$	$B_{2\text{-}10}$	$B_{2\text{-}11}$	$B_{3\text{-}1}$	$B_{3\text{-}2}$	$B_{4\text{-}1}$	$B_{4\text{-}2}$	$B_{5\text{-}1}$	$B_{5\text{-}2}$	
5.0	2.0	3.0	2.0	4.0	1.0	3.0	3.5	2.5	

步骤 2：收集原始数据

为了便于接下来能够结合信息熵公式进行权重判断，将以上打分数据进行汇总整理（表 7-16）。

表 7-16　专家打分数据汇总（原始数据）

指标 \ 编号	A	B	C	D	E	F	G	H	I	J	K	L
$B_{1\text{-}1}$	7.0	1.5	4.0	9.0	4.0	7.0	0.5	9.0	0.5	9.0	3.0	2.0
$B_{1\text{-}2}$	5.0	2.0	3.5	8.0	1.0	8.0	1.0	9.5	0.5	8.5	4.0	3.0

续表

指标 \ 编号	A	B	C	D	E	F	G	H	I	J	K	L
B_{2-1}	2.5	3.5	5.5	6.0	3.0	5.5	1.0	9.0	1.0	9.0	2.0	2.5
B_{2-2}	4.8	3.0	4.5	8.0	1.0	8.5	1.0	9.0	1.5	9.5	4.0	4.5
B_{2-3}	3.0	3.0	3.8	7.0	3.5	6.5	1.0	9.5	0.5	9.0	4.5	4.0
B_{2-4}	1.5	2.5	3.0	7.8	3.0	6.5	3.0	9.5	1.5	9.5	6.5	3.0
B_{2-5}	5.6	2.3	3.5	6.5	2.0	6.0	1.0	8.5	0.5	9.0	5.5	5.0
B_{2-6}	4.0	2.0	5.5	8.0	2.5	6.0	1.3	9.5	1.5	9.0	6.0	3.5
B_{2-7}	2.0	2.0	5.0	5.5	2.5	8.0	2.0	9.5	1.0	9.5	4.0	2.0
B_{2-8}	3.5	2.0	4.8	6.8	3.0	6.5	1.0	9.0	1.0	9.0	7.0	2.0
B_{2-9}	7.0	3.5	4.0	7.0	1.5	7.0	1.0	9.0	1.0	9.0	5.5	5.0
B_{2-10}	6.0	3.5	6.0	7.5	3.0	8.0	2.0	9.5	1.0	9.5	4.5	2.0
B_{2-11}	3.5	3.0	4.0	8.7	2.5	7.0	1.0	9.0	2.0	9.0	4.0	3.0
B_{3-1}	6.0	2.5	4.5	7.0	3.0	8.5	0.5	9.0	1.0	9.0	4.0	2.0
B_{3-2}	4.2	3.0	4.0	8.0	2.0	6.0	2.0	9.5	1.0	9.0	5.0	4.0
B_{4-1}	5.4	1.5	5.5	8.5	1.0	6.0	2.0	9.5	0.5	9.5	2.5	1.0
B_{4-2}	5.0	2.8	4.5	7.0	3.0	5.0	1.0	9.0	1.0	9.0	3.5	3.0
B_{5-1}	4.5	3.0	5.0	7.0	2.0	7.0	0.5	9.5	1.0	9.0	5.0	3.5
B_{5-2}	3.5	3.0	4.5	8.0	2.5	6.0	1.0	9.0	1.5	9.0	4.0	2.5

步骤3：计算各指标熵值

按照之前安全问题的划分 $\{B_1, B_2, B_3, B_4, B_5\}$ ，将表7-16中的数据分别代入信息熵公式中，基于信息熵的计算方法计算各指标的熵值。如下公式所示：

$$p_{ij} = \frac{B_{ij}}{\sum_{j=1}^{k} B_{ij}} \tag{7-11}$$

$$e_{ij} = -\frac{1}{\ln m}\sum_{j=1}^{k} p_{ij}\ln p_{ij} \tag{7-12}$$

式中，i 为各安全问题；j 为各类安全问题下的各风险指标；k 为该类安全问题所包含的风险指标数量。根据公式（7-11）和公式（7-12）将数据代入，通过计算得到各指标的熵值，结果如下：

$$e_{1j} = [e_{11}, e_{12}] = [0.8952, 0.8961]$$

$$e_{2j} = [e_{21}, e_{22}, \cdots, e_{2-11}]$$
$$= [0.9193, 0.9202, 0.9238, 0.9281, 0.9234, 0.9330, 0.9128, 0.9196, 0.9301, 0.9349, 0.9312]$$

$$e_{3j} = [e_{31}, e_{32}] = [0.9136, 0.9360]$$

$$e_{4j} = [e_{41}, e_{42}] = [0.8809, 0.9314]$$

$$e_{5j} = [e_{51}, e_{52}] = [0.9211, 0.9288]$$

在得到了以上各指标熵值 e_{ij} 的结果后，进一步计算各指标的熵权就能够反映各指标所占的权重系数，即第 j 个指标对安全问题 i 的影响权重。

步骤 4：计算各指标的熵权

根据信息熵中熵权的计算公式，计算各指标的熵权系数 β_{ij} ，如下公式所示：

$$\varphi_{ij} = \frac{1 - e_{ij}}{m - \sum_{j=1}^{m} e_{ij}} \tag{7-13}$$

$$\beta_{ij} = (\varphi_{i1}, \varphi_{i2}, \cdots, \varphi_{ij}) \tag{7-14}$$

该公式结合信息熵公式有效降低了各专家之间主观偏差对评估结果的影响，其中：专家评估差距越大的，熵权越低，说明该指标的打分的不确定性越高，对于最终评估结果的贡献度越低；反之，若是专家的评估结果越集中，熵权越高，说明该指标的打分的不确定性程度越低，对于最终评估结果的贡献度越高。

将各指标的熵值代入公式（7-13）和公式（7-14）进行计算，得到各指标的熵权分别如下：

$$\beta_{1j} = [\beta_{11}, \beta_{12}] = [0.5022, 0.4978]$$

$$\beta_{2j} = [\beta_{21}, \beta_{22}, \cdots, \beta_{2-11}]$$
$$= [0.0980, 0.0969, 0.0925, 0.0873, 0.0930, 0.0814, 0.1059, 0.0976, 0.0849, 0.0790, 0.0835]$$

$$\beta_{3j} = [\beta_{31}, \beta_{32}] = [0.5745, 0.4255]$$

$$\beta_{4j} = [\beta_{41}, \beta_{42}] = [0.6345, 0.3655]$$

$$\beta_{5j} = [\beta_{51}, \beta_{52}] = [0.5256, 0.4744]$$

如上所示，计算得到各风险指标的熵权系数 β_{ij}，$\sum_{j=1}^{k} \beta_{ij} = 1$，$i = 1, 2, \cdots, 5$，其中 β_{ij} 的值越大，则说明该指标 j 对安全问题 i 的重要性程度越高。

步骤 5：计算各类安全问题的评价值

将计算得到的各指标熵权系数 β_{ij} 与原始数据值 B_{ij} 相乘，就能得到关于各类

安全问题的评价值 $R_i = \{R_1, R_2, R_3, R_4, R_5\}$，如下公式所示

$$R_i = \sum_{j=1}^{k} \beta_{ij} * B_{ij} \tag{7-15}$$

则按照安全问题的划分，将所得的各指标熵权系数 β_{ij} 与原始数据值 B_{ij} 依次代入公式（7-15），就能得到分别关于 12 家云服务商安全问题的评价值，如下所示：

1）关于硬件资源风险，12 家云服务商的评估结果：

R_1 = [6.0044，1.7489，3.7511，8.5022，2.5066，7.4978，0.7489，9.2489，0.5000，8.7511，3.4978，2.4978]

2）关于数据安全风险，12 家云服务商的评估结果：

R_2 = [3.8789，2.7373，4.5072，7.1067，2.4967，6.8702，1.3839，9.1765，1.1235，9.1846，4.8304，3.3028]

3）关于虚拟化安全风险，12 家云服务商的评估结果：

R_3 = [5.2341，2.7127，4.2873，7.4255，2.5745，7.4363，1.1383，9.2127，1.0000，9.0000，4.4255，2.8510]

4）关于接口安全风险 12 家云服务商的评估结果：

R_4 = [5.2538，1.9751，5.1345，7.9517，1.7310，5.6345，1.6345，9.3172，0.6827，9.3172，2.8655，1.7310]

5）关于资源分配安全风险 12 家云服务商的评估结果：

R_5 = [4.0256，3.0000，4.7628，7.4744，2.2372，6.5256，0.7372，9.2628，1.2372，9.0000，4.5256，3.0256]

将上述评估结果进行整理，将得到如表 7-17 所示的数据样本集。

表 7-17　数据样本集

	B_1	B_2	B_3	B_4	B_5
A	6.0044	3.8789	5.2341	5.2538	4.0256
B	1.7489	2.7373	2.7127	1.9751	3.0000
C	3.7511	4.5072	4.2873	5.1345	4.7628
D	8.5022	7.1067	7.4255	7.9517	7.4744
E	2.5066	2.4967	2.5745	1.7310	2.2372
F	7.4978	6.8702	7.4363	5.6345	6.5256
G	0.7489	1.3839	1.1383	1.6345	0.7372
H	9.2489	9.1765	9.2127	9.3172	9.2628

续表

	B_1	B_2	B_3	B_4	B_5
I	0.5000	1.1235	1.0000	0.6827	1.2372
J	8.7511	9.1846	9.0000	9.3172	9.0000
K	3.4978	4.8304	4.4255	2.8655	4.5256
L	2.4978	3.3028	2.8510	1.7310	3.0256

至此，结合信息熵的计算方法，得到了关于 12 家云服务商硬件资源风险、数据安全风险、虚拟化安全风险、接口安全风险和资源分配安全风险的评估数据，该数据将作为支持向量机进行分类的参考样本。

7.4.2 支持向量机的模型演算

(1) 数据样本分类与安全等级划分

本章使用台湾大学林智仁教授等开发的 Libsvm 工具箱（http：//www.csie.ntu.edu.tw/～cjlin）作为演算工具，将表 7-17 中的 12 组数据分为了两个组。

第一组：A、B、C、D、E、F、G、H、I、J 作为训练样本数据；

第二组：K、L 作为测试样本数据。

除此之外，将云服务的安全等级分为低、较低、中等、较高、高 5 类，分别用 1，2，3，4，5 代表各等级，见表 7-18。

表 7-18 风险等级划分及标识

标识	1	2	3	4	5
等级	低	较低	中等	较高	高

根据风险等级的划分，将上述经过量化处理的 12 组数据分为不同的等级，即对 12 家云服务公司的云计算安全等级进行了分类，见表 7-19。

表 7-19 样本类型及等级

样本	训练样本										测试样本	
云服务商编号	A	B	C	D	E	F	G	H	I	J	K	L
安全等级	3	2	3	4	2	4	1	5	1	5	3	2

对于表 7-19 分类结果的准确率，本章将基于支持向量机的方法通过样本训练进行说明。

（2）核函数参数计算

本章所研究的云计算安全风险的等级共包含 5 个类别，是一个多分类的问题。因此，需要进行多分类的演算，并且选择 RBF 作为核函数，这就需计算惩罚参数 c 与核函数参数 g 的最优值，以提高分类的正确率。

对此，本章将使用训练样本数据集作为计算 c、g 的原始数据，利用交叉验证法进行计算，最终通过计算工具得到当训练样本分类准确率达到 100% 时，c、g 的值分别为：0.000976563，0.000976563。

（3）训练及预测

利用 Libsvm 工具箱自带的 svmtrain 函数及 10 组训练样本对支持向量机的分类器进行训练，得到模型 model。最后，运用 model 对 2 组测试样本的安全等级进行预测，预测等级与实际等级（3，2）一致，准确率达到 100%，分类结果如图 7-5 所示。

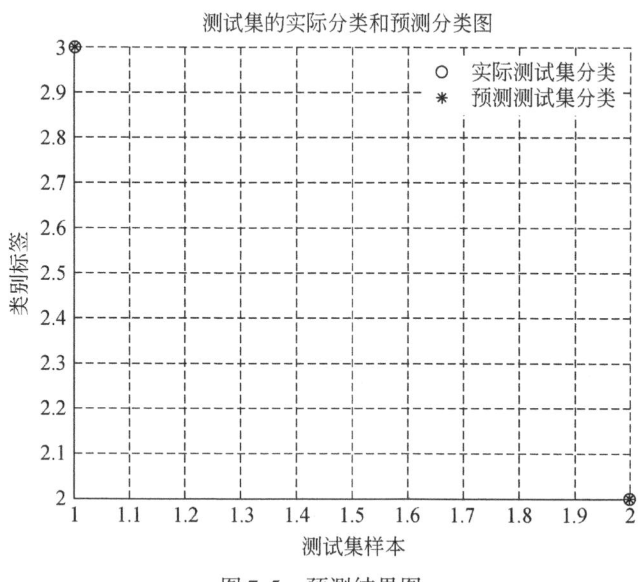

图 7-5　预测结果图

通过预测等级和实际等级的比较，说明本章对于上述 12 家云服务公司的云安全等级的分类是客观、准确的，通过该方法能够有效地对不同规模的云服务公司的安全等级进行划分。

7.5　模型的优势、特点及合理性

7.5.1　模型的优势及特点

本章所提出的模型结合了信息熵和支持向量机的研究方法，在样本数据较少的情况下，为云计算安全风险研究开辟了新的途径，整个模型围绕云计算的安全目标、安全问题和安全技术展开，相比以往的研究：

1）本章基于云服务三个层次的安全问题，并依据存在的安全问题、安全技术及技术所应达到的安全目标三个方面构建指标体系，全方面地凝练云计算环境下技术风险的主要因素，即哪些技术能够降低安全风险。在此之前，尚未发现该方面的研究报道。

2）本章采用熵权系数法计算各指标样本数据的权重，摒弃了因主观性对评估结果带来的影响，使得指标权重更具客观性，评估结果更准确。

3）以往支持向量机方面的研究，多将支持向量机方法运用于数据挖掘、统计、趋势预测等领域，并且以二分类的方式进行，本章首次将熵权与支持向量机相结合运用于云服务安全评价，且将安全等级分为 5 类，以多分类的方式对云服务安全进行预测，通过实例分析，验证了此方法能够有效运用于云服务安全评价领域。本研究实现了对云服务安全状况较高精度和较高效率的评价，避免了之前研究方法会造成局部最优及过拟合等问题，有较高的应用前景。

7.5.2　模型的合理性

为了保证评估数据的客观和准确性，本章所提出的模型在处理专家打分的过程中，同样采取了信息熵的方法，根据专家的评估分布情况为每个指标进行熵权赋值，从而减少了评估过程中不同专家对于同一评价指标的主观偏差影响，有效地确保了评估结果的准确性。

而与之前的研究不同，本章在进行云安全等级的划分时，所采用的是支持向量机的方法，该方法能够在样本数据较少的情况下有效地将数据进行分类处理，适用于本章云计算安全问题和相关技术的研究。在进行分类前，本章首先提出了云计算服务的安全目标，并探讨了相关技术与这些安全目标之间的相互关联，同时根据云计算不同服务层次（IaaS，PaaS，SaaS）的特点，提出了影响云计算安全的主要安全问题，包括硬件资源风险、数据安全风险、虚拟化安全风险、接口安全风险和资源分配安全风险等，最终围绕云安全目标、云安全技术和云安全问题三方面的关联建立了基于云计算安全技术的风险指标评估体系，并提出了用于评估的云计算安全风险检查表。

依照风险的检查表，本章聚集了 12 名熟悉该领域的专家分别针对 12 家不同规模的云计算商进行了评估，并结合熵权赋值的方法计算得到了 12 组样本数据，为支持向量机的分类提供了准确的数据支撑。根据此样本数据，本章将上述样本数据分为了测试样本和训练样本，并将云计算安全风险分为了 5 个等级，最终经过模型的演算得知预测等级与实际等级一致，准确率达到 100%，说明本章基于支持向量机的云计算安全等级分类是客观、准确的，能够有效地进行云计算安全等级的评估。

如上所述，本章所提出的研究模型，其研究思路清晰、目标明确，所采用的信息熵和支持向量机的方法科学合理，降低了人为主观因素的影响，并通过模型演算验证了本章云计算安全风险等级划分的准确性，以上均说明本章所提出的风险评估模型是科学合理的。

第 8 章　云计算安全风险管理对策和建议

在之前的章节，本书针对当前云计算服务在用户隐私安全保护、系统运行技术支撑及在商业运营管理方案上所存在的问题进行论述，并通过案例分析，结合具体的计算方法展开详细的定量研究，从风险的威胁频率、损害程度、维护难度等方面描述和解释构成当前云计算安全风险的主要原因，为后续风险应对的研究工作提出了需要解决的问题。

8.1　云计算发展的需求及管理对策建议

云计算风险的产生存在多种原因，作为一种在传统技术基础上发展而来的新型服务模式，在相关技术的支撑上其并不缺乏。之所以会产生许多未曾预料的风险，更多的情况是由于当前技术运用的不规范、法律的缺失、管理制度的落后、服务双方的不理解、在具体环境中所受到的干扰和限制。因此，综合考虑以上各方面的因素，在接下来的风险应对研究中提出了以下在云计算发展过程中的需求，并针对每一个需求提出了相应的对策。

8.1.1　服务的评估和认证

在当前云计算不成熟的市场环境下，由于缺少相关的参考标准和评估结果，几乎所有的用户在考虑选择何种云计算服务时，都只能单方面地依靠自身的理解或是通过服务商的自我介绍进行判断，一切的信任和保障都只建立在双方的沟通上。面对这样的情况，用户显得极为被动，仅依靠自身的判断将难以结合实际的应用需求对各服务商所能够提供的服务进行客观的比较，同时也将无法了解到这些服务背后可能会存在的风险，一旦发生风险，用户将会觉得很突然且难以控制；而对于云服务商，仅凭自身的说明和承诺也将难以取得用户的信任，对于云计算的推广极为不利。

管理对策及建议

为了解决此问题，加强服务双方之间的信任关系，在当前的云计算发展环境下应由政府出面建立中立的第三方机构，负责对市场上的云计算商进行服务的评估和安全的认证，并面向每一个服务商给出最终的评估结果，对于达不到标准的云计算商不允许经营，从而规范当前的云计算市场。该第三方机构需要对各云计算商服务的所在地、所采用的技术、法规遵从、运营方式、资金能力等进行考察和认证，同时需要制定相应的标准等级对该云计算商所提供的服务、服务的质量及这些服务背后可能存在的风险进行评估和说明，最终为用户提供权威的评估结果。通过第三方机构所给出的评估结果，将能够有效地增强服务双方的信任、加深彼此理解，对于云计算服务的推广及用户对云计算风险的认识和预防都将有极大的帮助。

8.1.2　监督管理的落实

云计算内部的构成对于用户而言是隐蔽的，用户将无法了解到某个服务的具体实现技术和相关操作过程。这就决定了在实际的交互中，用户只能够按照服务商所提供的接口执行一些“看得到”的操作；相反，服务商在此交互过程中却具有全局的管理和控制权（张伟匡等，2011），一旦服务商有错误或是恶意的操作，都将直接威胁到用户的隐私安全。面对这种不平衡的权益关系，如若不能将服务商的操作透明化或是执行相应的监督，用户的权益将难以得到保障。

管理对策及建议

为了解决上述问题，需要得到来自三方的共同支持，分别是公信的第三方机构、服务商和用户本身。其中各方在实际服务过程中的主要工作如下。

第三方公信机构：需要建立专门的监督制度，对实际服务过程中云计算商所执行业务流程和安全保障进行审查，包括对数据的存储、采集、转移及销毁等处理状况的监督。

服务商：作为云计算提供商，同样需要加强自身的法律责任意识对内部进行严格管理，包括物理设备的管理、内部员工的审核及工作流程的安排等。针对这些风险可能，服务商应该制定严格的监督管理制度，定期对物理设备实施安全检查，同时对所有内部员工进行安全教育，明确各员工的法律责任，并落实各业务流程的安全控制，在实际的服务过程中尽量做到公开透明。

用户：作为用户应该要求服务商的操作透明化，对服务商的业务流程、执行技术、负责各业务的操作人员进行了解，并向服务商咨询相关的安全预防措施。

只有通过三方的共同合作，才能确切落实整个服务过程的监督和管理。

8.1.3　网络的威胁

云计算作为一项基于互联网的交互模式，网络是其服务传输的媒介，几乎大部分潜在威胁都来自于网络，做好网络安全的应对措施将能够极大地降低风险发生的可能，从而减小云计算风险损失。本章将针对当前云计算的身份认证、权限管理、API 或接口安全等问题进行思考，提出能够有效应对网络安全威胁的合理方案及建议。

管理对策及建议

要降低来自网络的威胁，云服务商必须加强对用户认证、接口及通信安全的保护，实施对整个服务请求和调用过程的监督，检测来自网络的攻击并进行记录。

在认证方面，云计算并不缺乏相应的技术，如静态密码认证、短信认证、动态口令认证及智能卡认证等都已较为成熟，但是面对云计算复杂的环境，要保证认证的安全则需要在这些传统认证技术上，采用多方法、多方向、多层的混合认证方式。当对用户进行认证后，才逐步赋予其权限。在接口和 API 管理上，云计算商应该从不同类型的端点上对所设计的接口模式进行检验，并部署相应的安全套接（SSL）。而在通信过程中则应该采用 VPN 和 PPTP 等安全方式，当面对突发的网络中断或是受到连续的网络攻击时能够将服务进行转移，建立一条临时安全的通道，从而保证系统的正常工作。

而对于用户则需要做到只使用服务商所推荐的接口或 API，在第三方提供的平台上不存放敏感数据，并且对所有存放的数据进行加密。

8.1.4　风险责任的承担

任何一项技术，在实际运用过程中都不可避免会受到风险的威胁。尤其是在复杂的云计算环境下，即使云计算商一再保证自身服务的安全性，仍然不可避免风险的产生。而风险一旦发生，服务双方都将受到不必要的损失及影响，最终的风险责任由谁承担一直是困扰当前服务双方的重要问题。云计算风险的形成存在多种原因，不可能完全是由服务的某一方所造成，这就使得当前云计算风险责任的划分更加难以界定。当风险发生时，服务的任何一方都有解释的理由，谁都不愿意承担全部的责任，难免产生责任纠纷。

管理对策及建议

正如以上所述，法律法规的缺失导致现在风险的责任界定难以确定。当存在较小的风险纠纷时也许可以由服务双方进行协调解决，但是面对事故较大的风险责任时，仅凭服务双方的沟通则远远不够。如果没有第三方的介入，云计算未来的推广和应用必将受到限制。面对此问题，政府应尽快完善相关的法律规定，制定保护的对象、赔偿的条款及相关责任的说明等，并成立执行机构对风险发生时双方的责任和赔偿问题依法进行协调。服务双方的用户或是云计算商都必须遵守相关法律的规定，当某一方的权益受到侵害时都能够通过第三方机构寻求法律保护。

8.1.5　管辖权归属

云计算跨区域分布的特点决定了它将受到各地司法的约束。当存在云计算犯罪时，究竟应该由谁出面进行管束，目前的法律并没有专门的说明。尤其是考虑到网络犯罪的隐蔽性、匿名性和跨国性等特点，对于网络犯罪的最终管辖权归谁就更加难以明确。因此，要完善当前云计算法律或法规，管辖权的归属问题是当前所必须要解决的一个重点问题。

管理对策及建议

责任的界定是为了追究风险事故发生时的责任人，而管辖权的归属则决定了是由谁来执行和追究，对于云计算立法的完善，两者缺一不可，都必须尽快得到解决。虽然目前没有专门的立法，但是可以在现有相关的网络立法和隐私保护法基础上结合云计算的特点提出相应的限制和要求，加强对电子证据的采集和认定。当出现较大的云计算事故或云计算犯罪时，最终谁具有管辖权则可以根据风险或是犯罪行为发生的地点，以及事故发生后所受到影响的地区综合进行判断。为了能够更好地追踪犯罪途径，应尽快加强各国合作，在双方自愿和平等条件下建立国家或是地区之间的公约，对于在国际上影响较大的云计算事故则应该纳入全球各国共同打击和防范的范围（张艳和胡新和，2012）。

8.1.6　数据安全的保护

数据是云计算中重要信息的载体，某种程度上数据的安全即意味着信息的安全。其中数据存放的物理位置、残留数据的销毁、数据的容灾恢复及数据的加密都极为重要，只有针对这些问题加强保护，才能有效降低云计算数据安全所面临的威胁。

管理对策及建议

数据物理位置：为了提高用户的信任，在未来的云计算服务过程中，提供商有必要让用户了解其数据被存储到了什么地方。而如果该地区的法规存在特殊的要求，云计算商则必须向用户公开说明并取得其同意。尤其是企业用户，当了解到自身数据被存储在什么位置后，可以根据具体地区的法规要求应变地采取存储策略和预防措施，从而降低风险发生的可能。

残留数据的销毁：要做到彻底的数据销毁，尤其是将存储空间重新分配给其他用户时，云计算商必须对所有使用过的存储介质（包括存储在第三方的数据）进行彻底的检查和再消除。除此之外，服务商还需要定期对已经长期重复使用的存储介质进行更换并采取物理销毁。另外，为了不遗漏任何信息，云计算商在服务的过程中还应对数据的存储、转移及备份的所有位置进行记录。

数据的容灾恢复：为了预防突发的重大事故，服务商需要将数据在不同的位置进行备份并记录，同时告知用户该数据备份的位置及存储方法。对于用户而言，则并不能完全依赖于服务商进行备份，自身也需要采取妥善的备份和预防措施。

数据的加密：数据的加密不仅是针对其他的用户，同时也是针对服务的提供商。作为云计算商应采用多重的验证方式对数据的持有者进行识别，并针对敏感数据最终的确认操作进行实时的动态加密验证；而作为用户则应该有选择性地存储其信息，对于敏感的信息可以不公开或是以一种只有自己理解的加密形式进行存储，同时也要注意避免长期在不同的应用平台上使用同一组账户和密码。

8.1.7　云计算的标准化

云计算的标准化是当前云计算建设和发展的首要任务之一。作为一项新兴的技术，云计算的发展才刚刚起步。在其普及和发展过程中，之所以会产生这么多的风险，技术、管理和运用的不规范是主要的原因。若能够建立云计算规范的行业标准，将能够有效地降低一系列由于技术运用不当、操作失误及管理疏忽等所造成的风险可能，从而规范云计算的服务过程。

管理对策及建议

要实现云计算的标准化需要考虑多方面的因素，不仅是对云计算服务实现的基本要求，还包含其他许多方面的要求，诸如对隐私安全的评估标准、接口和传输协议标准、数据存储的标准、敏感数据分类的标准、身份认证的标准、数据加密的标准及业务流程的标准等，总的来说可以分为技术标准、管理标准和评估标准三个方面。

虽然云计算是近年来才产生的一项新技术，要立刻建立一套完整的行业标准并不容易，但是一切也并非是“从零开始”。目前国内外已有一些成型的标准，如信息安全管理的ISO27001标准、系统和软件质量评估的标准ISO/IEC 25010-2011、信息存储管理标准ISO/IEC 24775-2011、云计算词汇规范的标准ISO/IEC 17788-2014及云计算参考架构标准ISO/IEC 17789-2014等，在这些标准的基础上进行延伸将能够逐渐完善和加快制定当前云计算行业的标准。云计算标准的制定需要由政府或相关权威机构领头，通过吸收国内外先进的经验技术，并结合当前的法律法规。通过云计算行业标准的制定，将能够正确引导当前的企业、用户和云计算商朝着规范化的方向发展，通过共同的合作将为未来的云计算提供更为优越的服务和广阔的市场。

8.2　各部门职能及任务要求

综上所述，本章针对当前云计算环境所存在的问题及发展需求提出了多方面的管理对策和建议，包括云计算的评估认证、服务监督、立法完善、数据保护、网络防范及标准制定等一系列关键的问题。总结本章所提出的管理对策及建议，要满足当前云计算发展的需求、创造安全的云计算环境，需要来自多方面的支持，其中各角色的具体任务分别如下。

(1) 政府及相关部门

政府及相关部门对于云计算风险应对工作的展开具有督促和引导的作用，有关云计算立法、云计算标准、第三方机构的建立都需要得到政府部门的支持，只有得到政府的认可和重视才能够进一步加快打造云计算安全的环境。在当前云计算的起步阶段，急需要完成以下任务。

1）完善云计算立法：面对当前复杂的云计算市场和网络环境，政府机构应尽快组织相关技术和司法人员完善云计算立法。针对当前散乱的云计算市场，应加快完善有关云计算隐私保护、责任界定、纠纷赔偿、管辖权归属、产权保护等方面的法律法规，同时加大现有电子证据采集和验证的技术研究，明确个人或企业的行为与职责，从而依法整顿当前的云计算市场。另外，面对云计算跨区域的特点，还应加强国际间的合作，在互相平等自愿的条件下达成国际公约，明确双方的职责和义务，共同合作，从而有效地打击跨国的网络犯罪。只有在云计算立法尽快完善的条件下，当前的云计算才能得到进一步的推广和普及，从而推动未来的经济增长。

2）建立第三方机构：第三方机构的成立工作需要由政府主持，配置熟悉云计算安全的相关人员，并成立不同的部门赋予其相应的工作，如服务的监督部门、服务的评测部门、风险事故的处理部门等。第三方机构具有政府所赋予的权利，要求每一个市场上的运营商都必须接受第三方机构的监督和认证，对于达到要求的云计算商才允许经营。

3）拟定云计算行业标准：云计算标准的制定需要立足于目前国内外已有的标准，新标准的制定是对云计算规范的要求，在符合当前云计算特点的同时并不会颠覆以往的标准要求。根据具体的需求，这些标准大概可以分为三类，即技术的执行标准、服务管理的标准及评估的标准，具体的如接口标准、协议标准、业务流程标准、数据分类标准、安全评估标准等。

(2) 第三方机构

第三方机构的建立是为了平衡用户和云计算商双方之间的权益关系并建立服

务双方的信任，做到公平、公正、公开。该机构需要由政府出面建立，主要工作包括三个方面。

1）服务和管理的监督：对云计算商的服务和管理进行监督，将能够有效地限制服务商本身滥用权限进行违法操作的行为，从而保证用户在实际服务过程中的隐私安全。

2）服务的评估：为了加深服务双方的理解，第三方机构需要在一定年限内对云计算商的服务水平、管理制度及配套设施等进行评估，并给出供用户参考的评估结果，以便用户在选择云计算商时能够了解到具体的信息，将各服务商进行客观比较。

3）服务认证：按照云计算行业标准，对市场上的云计算商进行服务认证，对于符合标准需求的服务商才允许其进入市场，经过服务认证后的云计算商具有合法经营的许可，在服务过程中需要遵循第三方机构的监督。而对于没有达到行业标准的服务商则需要督促其自身提高服务质量、完善服务标准以待进行下次认证。

4）处理纠纷与责任分配：当云计算商与用户之间存在赔偿纠纷或是某一方认为自身权益受到侵害时，都能够寻求第三方的帮助，它将根据云计算的立法及相关行业标准对服务双方进行协调和责任分配。

(3) 云计算商

云计算商作为服务的提供者，在云计算风险的应对中起到至关重要的作用，在风险的应对中需要做到以下工作。

1）规范化要求：规范化是云计算发展的客观要求，要应对云计算风险的重要保障，云计算商在其服务过程中必须按照云计算标准做到技术和管理的标准化，减少由于服务管理失误和技术运用不当所产生的风险。

2）内部监督管理：除了需要接受第三方公立机构的服务和管理监督外，云计算商自身也需要加强对内部的管理，包括对业务流程的安全控制、物理设备的定期检查和更换、员工的安全责任教育、奖惩制度的执行等。

3）加强数据保护：数据安全是云计算安全的重要组成部分，云计算商需要执行一系列的措施加强对数据的保护，如数据储存物理位置的掌控、存储设备的定期检查和更换、数据的异地备份与记录、多方法混合数据加密技术等。

4）提高网络安全：网络攻击是云计算最常见也是最频繁的风险。云计算商应该从用户的接入、身份认证、权限管理、接口及通信安全等方面加强保护，并实施对服务请求和调用过程的监督，当风险发生时为信息的传递提供一条临时的通道，最终建立具有多重保护的云计算安全体系，从而尽量减少和避免来自网络的威胁。

5）加强用户沟通：云计算商需要加强与用户的沟通，对自己的服务和安全进行说明，告知用户一系列需要注意的问题和细节，如数据的存放位置、异地法规的特殊要求、服务商具有的特殊权限、接口的安全等，从而加深双方的理解，帮助用户提前做好风险的预防。

（4）用户

在没有第三方机构之前，用户一直属于服务过程中弱势的一方，所有的信息都只能通过自己的主观认识和服务商的介绍进行获取，由于缺乏彼此的了解，这些信息可能是不完整的，甚至可能是不真实的。而第三方机构的出现，则能够保证这些信息的公正，作为用户要应对未来使用过程中的风险，需要做到以下几点。

1）选择可靠、合适的云计算商：在选择云计算服务时，用户不能只听信服务商的说明和承诺，应参考第三方认证的结果，并结合自身具体的应用需求选择服务可靠、安全等级高、实力雄厚的云计算商。

2）加深对服务商理解：在选择了某服务商后，用户需要进一步了解一些与服务商管理和技术有关的信息，如管理人员的基本信息、数据的备份记录、数据储存的位置、用户的特殊权限等。

3）加强自身数据保护：当用户将数据提交给云计算商后，不能够完全地信任或依赖于服务商，自身也需要有策略对数据安全进行保护，如对数据的分类存储、数据的应急备份、数据的加密及数据的自我销毁等。

4）使用安全接口：在云计算的服务过程中，可能会存在许多由第三方所提供的应用，用户在使用这些服务时需要向服务商进行咨询，使用服务商所提供的安全接口。

5）企业用户内部管理：企业用户与单个用户不同，企业用户内部的管理不当也将影响云计算的安全。对于企业用户而言，同样需要加强对自身内部员工、业务运作过程的监督和管理。

归纳以上内容，为了满足未来云计算发展的需求，普及云计算应用、推广云计算的发展，需要各角色之间的共同作用，其中各角色之间相互关系如图 8-1 所示。

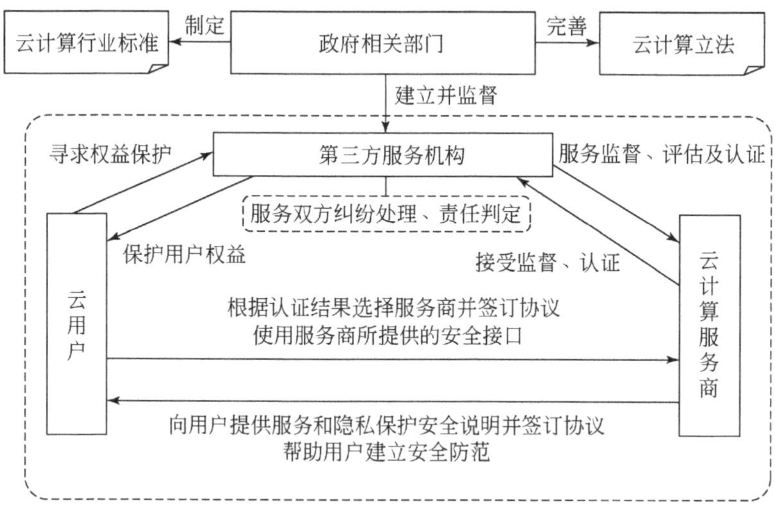

图 8-1　云计算服务市场各角色之间关系

除了相互之间的监督约束外，图中所示的服务双方还需要加强对自身安全的保护，如用户需要有策略进行数据的备份、分类储存、数据加密及数据销毁等，并保证在服务过程中安全使用服务商所提供的接口；而对于云计算商或企业用户则需要规范自身的技术和管理，并加强对内部员工的安全意识教育和责任监督。只有在多方相互支持、相互监督的条件下，才可能尽快规范当前云计算市场，建立服务双方的平衡，同时保障用户和云计算商的合法权益。

第9章　结论与展望

9.1　研究工作回顾

云计算的出现改变了以往传统的服务交付模式，用户不需要投资过多的基础设施建设就能够通过网络获得强大的计算能力和多样化的服务（Ward and Sipior，2010）。它降低了实际运作过程中许多用户不必要的开销，如软件的开发、服务器的购买、网络环境的布置及日常的维护与管理经费等，只有当用户存在需求时才以交付的方式进行服务，其价格低廉、取用方便，极大地减轻了企业用户的投资压力，节省了用户的时间，使得用户本身能够将更多的时间、精力和资金投入到自身核心业务的发展过程中。正是因此特点，云计算具备了巨大的市场潜力，受到世界诸国政府和IT行业的高度重视。云计算的发展必将引领未来产业化和信息化“两化的融合”，对于企业应用的推广、服务的转型及新兴企业的发展都具有深远的意义。

但是，在当前实际的云计算应用过程中却出现了许多未曾预料的风险，相关管理制度的落后、技术运用的不当及商业和运营环境的风险影响，使得用户的隐私安全受到了威胁，严重阻碍了云计算的普及和发展，若不能及时解决这些关键问题，对于全世界市场经济的发展而言都将是一笔巨大的损失。因此，为了能够解决当前云计算发展过程中所面临的关键问题，加速云计算发展的脚步，本书立于当前云计算发展的现状，根据风险发生的特点，结合系统科学理论、系统工程方法、信息论观点、云计算风险理论及相关的数学方法，围绕云计算安全展开了一系列的研究工作，其中主要的研究内容和取得的创新成果如下。

1）建立了云计算安全风险属性模型。本书通过借鉴国内外云计算风险研究文献，参阅权威机构报告，从隐私风险、技术风险和运营管理风险三个维度对威胁到云计算安全的风险因素进行了梳理，并建立云计算安全风险属性模型。相比以往研究，本书引入了对风险发生多种随机状态的考虑，所建立的风险属性模型具有交叉性，更能够准确反映实际的云计算风险变化环境。

2）提出了云计算安全风险的度量模型。本书在传统风险研究理论的基础上，围绕风险发生的频率及其对项目的损失权重影响两方面因素，结合信息熵原理和马尔可夫链数学的计算方法，考虑云计算风险发生状态的随机性，建立了云计算安全风险的度量模型。该模型的建立解决了以往研究中抽象风险难以度量的问题，并通过信息熵的计算方法降低了在对底层各风险因素进行权重赋值时各专家人为主观偏差的影响，整个模型的建立科学合理，能够针对具体的案例进行研究分析。

3）提出了云计算安全风险量化评估模型。云计算风险的评估以实现系统的安全为目的，是对整个云计算风险环境的有效描述和评估方法，它能够为决策提供最直观的依据。本书采用定性定量相结合的方法，从不同层次、不同方面和不同角度针对云计算安全进行了探讨，根据本书总结梳理所得的风险因素，结合信息熵、模糊集、马尔可夫链和支持向量机等方面提出了许多云计算安全风险的有效评估方法，丰富和完善了云计算安全风险的评估理论。同时，通过这些研究所得到的评估结果具有较大的应用价值，不仅能在用户考虑选择某云计算商时为其提供参考的标准，也能为云计算商进行风险的管理和控制提供依据。

4）提出了合理的云计算风险管理对策及建议。最后，本书在风险度量和评估的基础上，根据当前云计算发展的需求，从服务双方的角度综合考虑，围绕云计算的安全问题提出了若干合理的管理对策及建议，并明确了在其执行过程中各角色所需要承担的工作和任务安排，从而通过多方面的相互支持和相互监督为云计算的未来创造一个规范安全的服务环境。

9.2　未来工作展望

本书是一个多学科交叉的综合性研究，对于风险的识别、风险的大小度量、风险环境的评估及风险的管理与控制具有重要的意义。虽然本书根据当前云计算发展的需求，通过调查和分析梳理了相关的风险因素，并建立了风险的度量与评估模型，为当前云计算安全的保障提供了许多可靠的管理对策和建议。然而，当前云计算的发展仍然处于起步阶段，随着其应用研究领域的不断延伸、服务模式的不断变换、用户需求的日益剧增，在未来长远的云计算发展过程中可能还会存在许多新型的风险，这些都是本书研究所不能预料的。云计算的特点决定了其研究的复杂性，从不同的角度对其安全进行分析将能够得到更多的研究结果，只有随着研究结果的增多才能更深入地认识到云计算风险的特征及其风险环境的变化。通过前面几章的介绍，可知本书所提出的风险度量与评估模型具有很好的扩展性，在针对具体的云计算系统时，可以根据具体的需求从不同的角度和不同的方面展开对云计算安全风险的研究。云计算的推广和普及需要一段较长的时间，随着云计算的不断发展，现有的分析中仍然还有许多可以详细扩充的地方，只有经过不断的分析才能持续推动云计算发展的脚步，挖掘云计算巨大的市场潜力，从而推动整个市场经济的发展。为此，在未来的工作中，本项目组将展开进一步深入的研究，其中包括以下内容。

1）云计算安全风险因素的扩充。随着对云计算应用的推广，在本书研究的基础上势必还有许多未曾提到的风险因素，随着对云计算风险环境研究的深入，本项目组将在后续的工作中继续跟踪前沿的云计算理论，通过探讨和调查分析逐渐扩充已有的云计算安全风险属性模型，从而更为全面地解释当前云计算的风险环境。

2）风险度量和评估的全面化。在后续的研究过程中，随着云计算研究领域的变更，本项目组将通过研究结果的积累，逐渐增加对云计算风险度量和评估因素的考虑，从而定义更加准确和详细的风险隶属等级，作为第三方机构对云计算安全进行评估的标准。

3）探讨并制定云计算行业的标准。云计算行业标准的制定有益于云计算市场的规范，本项目组将在今后的研究中考虑云计算跨区域分布、法规约束和服务多样化的特点，努力探索有关云计算安全保护、技术执行及服务管理的标准。

参考文献

白鹏．2008. 支持向量机理论及工程应用实例．西安：西安电子科技大学出版社．

卞焕清，夏乐天．2012. 基于灰色马尔可夫链模型的人口预测．数学的实践与认识，42（7）：127-132.

陈虎．2012. 物流服务供应链绩效动态评价研究．计算机应用研究，29（4）：1241-1244.

陈全，邓倩妮．2009. 云计算及其关键技术．计算机应用，29（9）：2562-2567.

陈颂，王光伟，刘欣宇，等，2012. 信息系统安全风险评估研究．通信技术，45（1）：128-130.

陈小辉，文佳，邓杰英．2011. 银行采用第三方云平台的风险．金融科技时代，19（10）：27.

陈志国．2007. 传统风险管理理论与现代风险管理理论之比较研究．保险职业学院学报，21（6）：15-18.

程向阳．2007. 马尔可夫链模型在教育评估中的应用．大学教学，23（2）：38-41.

程玉珍．2013. 云服务信息安全风险评估指标与方法研究．北京：北京交通大学硕士学位论文．

程玉柱，胡伏湘．2013. 云计算中数据资源的安全加密机制．长沙民政职业技术学院学报，20（2）：132-135.

楚杨杰，王先甲，吴秀君．2005. 基于熵评价的供应链系统信息共享的分析与设计．武汉理工大学学报：信息与管理工程版，27（8）：237-241.

邓谦．2013. 基于 Hadoop 的云计算安全机制研究．南京：南京邮电大学硕士学位论文．

丁滟，王怀民，史佩昌，等．2014. 可信云服务．计算机学报，37：1-19.

段茜，黄梦醒，万兵，等，2014. 云计算环境下基于马尔可夫链动态模糊评价的供应链伙伴选择研究．计算机应用研究，31（8）：2403-2406.

冯本明，唐卓，李肯立．2011. 云环境中存储资源的风险计算模型．计算机工程，2011. 37（11）：49-51.

冯登国，张敏，张妍，等．2011. 云计算安全研究．软件学报，22（1）：71-83.

付沙，宋丹，黄会群．2013a. 一种基于熵权和模糊集理论的信息系统风险评估方法．现代情报，33（3）：10-13.

付沙，杨波，李博．2013b. 基于灰色模糊理论的信息系统安全风险评估研究．现代情报，33（7）：34-37.

付沙，肖叶枝，廖明华．2013c. 基于模糊集与熵权理论的校园信息系统安全风险评估研究．情报科学，31（9）：117-121.

付钰，吴晓平，宋业新．2011. 模糊推理与多重结构神经网络在信息系统安全风险评估中的应用．海军工程大学学报，23（1）：10-15.

付钰，吴晓平，严承华．2006. 基于贝叶斯网络的信息安全风险评估方法．武汉大学学报（理学版），52（5）：631-634.

付钰，吴晓平，叶清，等．2010. 基于模糊集与熵权理论的信息系统安全风险评估研究．电子学报，38（7）：1489-1494.

龚军，张菊玲，吴向前，等．2011. 信息系统安全风险评估在校园网中的应用．计算机应用与软件，28（3）：285-288.

韩起云．2012. 基于云环境的信息系统风险评估模型应用研究．计算机测量与控制，20（9）：2473-2476.

胡振宇，李荣化，叶润国．2012. 电子政务云计算系统的风险分析．保密科学技术，（9）：3-14，27-33.

霍红，冀方亮，丁晨光．2005. 熵与供应链管理系统研究．哈尔滨商业大学学报：社会科学版，21（6）：40-44.

季一木，匡子卓，康家邦．2014. 云环境下用户隐私属性及其分类研究．计算机应用研究，31（5）：1495-1498.

贾燕，王润孝，殷磊，等．2003. 熵在供应链复杂性研究中的应用．机械科学与技术，22（5）：692-695.

姜茸，杨明．2014. 云计算安全风险研究．计算机技术与发展，24（3）：126-129.

姜政伟，刘宝旭．2012. 云计算安全威胁与风险分析．信息安全与技术，3（11）：36-39.

蒋洁．2012. 云数据隐私侵权风险与矫正策略．情报杂志，31（7）：157-162.

林兆骥，付雄，王汝传，等．2011. 云计算安全关键问题研究．信息化研究，37（2）：1-4.

林志炳，许保光．2006. 一致性风险度量的概念、形式、计算和应用．统计与决策，（5）：6-9.

刘恒，王红兵，王勇．2010. 云计算宏观安全风险的评估分析//第三届信息安全漏洞分析与风险评估大会论文集，2010：75-87.

刘鹏．2010. 云计算．北京：电子工业出版社．

刘鹏程，陈榕．2010. 面向云计算的虚拟机动态迁移框架．计算机工程，36（5）：37-40.

卢宪雨．2012. 浅析云环境下可能的网络安全风险．计算机光盘软件与应用，2012（10）：62-64.

陆红娟．2012. 熵权支持向量机在煤矿安全评价中的应用研究．合肥：安徽理工大学硕士学位论文．

罗军舟，金嘉晖，宋爱波，等．2011. 云计算：体系架构与关键技术．通信学报，32（7）：3-21.

马晓婷，陈臣．2011. 数字图书馆云计算安全分析及管理策略研究．情报科学，29（8）：1186-1191.

潘辉．2011. 数字图书馆用户隐私问题研究及其对云计算服务的启示．情报理论与实践，34（04）：44-47.
潘小明，张向阳，沈锡镛，等．2013. 云计算信息安全测评框架研究．计算机时代，（10）：22-26.
彭志行．2006. 马尔可夫链理论及其在经济管理领域的应用研究．南京：河海大学硕士学位论文．
钱琼芬，李春林，张小庆，等，2012. 云数据中心虚拟资源管理研究综述．计算机应用研究，29（7）：2411-2415.
苏强，2011. 企业信息系统在云计算模式下面临的安全风险及规避策略．信息与电脑，（4）：15-16.
覃正，姚公安．2006. 基于信息熵的供应链稳定性研究．控制与决策，21（6）：694-696.
田志勇，关忠良，王思强．2009. 基于信息熵的能源消费结构演变分析．系统工程理论与方法，9（1）：118-121.
汪兆成．2011. 基于云计算模式的信息安全风险评估研究．信息网络安全，9：56-60.
汪忠，黄瑞华．2005. 国外风险管理研究的理论、方法及其进展．外国经济与管理，27（2）：25-31.
王建峰，樊宁，沈军．2012. 电信行业云计算安全发展现状．信息安全与通信保密，（11）：98-101.
吴晓平，付钰．2011. 信息系统安全风险评估理论与方法．北京：科学出版社．
夏乐天．2005. 梅雨强度指数权马尔可夫链预测．水利学报，36（8）：988-993.
夏乐天，朱永忠．2000. 工程随机过程．南京：河海大学出版社．
肖云，王选宏．2011. 支持向量机理论及其在网络安全中的应用．西安：西安电子科技大学出版社．
谢霖铨，杨莹．2011. 多目标风险评估中信息熵的应用．商业时代，（7）：83-84.
辛军，陈康，郑纬民．2010. 虚拟化的集群资源管理技术研究．计算机科学与探索，4（4）：324-329.
邢永康．2003. 多Markov链用户浏览预测模型．计算机学报，26（11）：1510-1517.
熊宝库，任长江．2004. 熵及其在生物学中的应用．信阳农业高等专科学校学报，14（1）：87-88.
徐良培，李淑华，陶建平．2010. 基于信息熵理论的我国农产品供应链运作模式研究．安徽农业科学，38（5）：2626-2629.
徐鑫，何畏，周永务．2005. 熵在供应链供需不确定性中的应用．运筹与管理，14（12）：51-56.
徐元铖．2005. 国外风险价值模型研究现状．外国经济与管理，27（6）：44-51.

于浩杰，贾海龙 . 2014. 基于 IRKPP 协议的密钥泄露跨区域传递问题解决方案的探究 . 信息与电脑：理论版，(12)：177-178.

袁文成，朱怡安，陆伟 . 2010. 面向虚拟资源的云计算组员管理机制 . 西北工业大学学报，5 (28)：704-708.

张恒喜，史争军 . 2011. 云时代电子商务安全研究 . 现代商业，(14)：69-70.

张建勋，古志民，郑超 . 2010. 云计算研究进展综述 . 计算机应用研究，27 (2)：429-433.

张伟匡，刘敏榕，李治准 . 2011. 云时代企业竞争情报安全问题及对策研究 . 情报杂志，30 (7)：8-12.

张显龙 . 2013. 云计算安全总体框架与关键技术研究 . 信息网络安全，(7)：28-31.

张艳，胡新和 . 2012. 云计算模式下的信息安全风险及其法律规制 . 自然辩证法研究，28 (10)：59-63.

张怡，孙志刚 . 2009. 面向可信网络研究的虚拟化技术 . 计算机学报，32 (3)：417-423.

张宗国 . 2005. 马尔可夫链预测方法及其应用研究 . 南京：河海大学硕士学位论文 .

赵冬梅，张玉清，马建峰 . 2004. 熵权系数法应用于网络安全的模糊风险评估 . 计算机工程，30 (18)：21-23.

周畅 . 2011. 基于云计算的电子商务探讨 . 现代商贸工业，(16)：243-244.

周紫熙，叶建伟 . 2012. 云计算环境中的数据安全评估技术量化研究 . 智能计算机与应用，2 (4)：40-43.

朱圣才 . 2013. 基于云计算的信息安全风险分析与探索 . 西安邮电大学学报，18 (4)：89-94.

朱圣才，徐御，金铭彦，等 . 2013. 基于等级保护策略的云计算安全风险评估 . 计算机安全，(5)：39-42.

Ahmad M. 2010. Security risks of cloud computing and its emergence as 5th utility service. Communications in Computer and Information Science，76：209-219.

Alsudiari M A T，Vasista T. 2012. Cloud computing and privacy regulations：an exploratory study on issues and implications. Int J Adv Comput（ACIJ），3 (2)：159-162.

Bobroff N，Kochut A，Beaty K. 2007. Dynamic placement of virtual machines for managing SLA violations. PRoc of 10th IEEE Symposium on Integrated Management，119-128.

Chandran S P，Angepat M. 2012. Cloud computing：Analysing the risks involved in cloud computing environments. Retrieved July，29：137-145.

Chhabra B，Taneja B. 2011. Cloud computing：Towards risk assessment. Communications in Computer and Information Science，169 (2)：84-91.

Dan S，Clarke R. 2010. Privacy and consumer risks in cloud computing. Computer Law & Security Review，26 (4)：391-397.

Dreze J H. 1974. Axiomatic theories of choice，cardinal utility and subjective probability：A review. Allocation under Uncertainty, Equilibrium and Optimality. New York: Wiley.

ENISA. 2009. Cloud computing: Benefits, risks and recommendations for information security. The European Network and Information Security Agency (ENISA) Research Report.

Erwin S. 1944. What is life? The physical aspect of the living cell. London: Cambridge University Press.

Gao S. 2001. Strategic risk management and high- tech risks. The Proceedings of Risk Management Forum on the HighO-Tech Industry in Taiwan and the UK, 111-125.

Grobauer B, Walloschek T, Stöcker E. 2010. Towards a cloud- specific risk analysis framework. Siemens IT Solutions and Services: 6-22.

Group T T W. 2013. The Notorious nine: cloud computing top threats in 2013. Cloud Security Alliance.

Heiser J, Nicolett M. 2008. Assessing the security risks of cloud computing. Gartner research. Gartner Group Research Report: Stanford, USA.

Hewitt C. 2008. ORGs for scalable. robust privacy- friendly client cloud computing. IEEE Internet Computing, 12 (5): 96-99.

Hsu T H, Lin L Z. 2007. QFD with Fuzzy and Entropy weight for evaluating retail customer values. Total Quality Management & Business Excellence, 17 (17): 935-958.

Jaynes E T. 1957. Information theory and statistical mechanics. Physics Review II, 108 (2): 171-190.

Keahey K, Freeman F. 2008. Contextualization: providing one- click virtual clusters. Proc of the 4th IEEE International Conference on e-Science, 301-308.

Klein J H, Cork R B. 1998. Anapproach to technical risk assessment. International Journal of Project Management, 16 (6): 345-351.

Lin Z R. LIBSVM—A library for support vector machines. http: //www. csie. ntu. edu. tw/ ~cjlin/ libsvm/index. html. December14, 2015.

Liu P Y, Liu D. 2011. The new risk assessment model for information system in cloud computing environment. Procedia Engineering, 15: 3200-3204.

Liu S, Quan G, Ren S. 2011. Online preemptive schedulin of real- time services with profit and penaly. Proc of IEEE Southeast Conference: 287-292.

Machida F, Kawato M, Maeno Y. 2010. Redundant virtual machine placement for fault- tolerant consolidated server clusters. Proc of Network Operations and Management Symposium: 32-39.

Mell P, Grance T. 2011. The NIST definition of cloud computing. National Institute of Standards and Technology, 53 (6): 50-57.

Michlmayr A, Rosenberg F, Dustdar S. 2009. Comprehensive QoS monitoring of Web services and event- based SLA violation detection. the 4th International Workshop on Middleware for Service

Oriented Computing, New York: ACM.

Morrell R, Chandrashekar A. 2011. Cloud computing: New challenges and opportunities. Network Security, (10): 18-19.

Okrent D. 1998. Risk perception and risk management: on knowledge, resource allocation and equity. Reliability Engineering and System Safety, 59 (1): 17-25.

Palanisamy B. 2012. Top 10 Risks in the Cloud. Coalfire: 1-6.

Pearson S. 2013. Privacy, security and trust in cloud computing. Privacy and Security for Cloud Computing. London: Springer: 3-42.

Sangroya A, Kumar S, Dhok J, et al. 2009. Towards analyzing data security risks in cloud computing environments. Communications in Computer and Information Science, 54: 255-265.

Saripalli P, Walters B. 2010. QUIRC: a quantitative impact and risk assessment framework for cloud security//2010 IEEE 3rd International Conference on Cloud Computing. 280-286.

Shannon C E. 1948. The Mathematical theory of communication. The Bell System Technical Journal, 27 (3): 379-423, 623-656.

Sharma A, Gupta S, Mann D. 2013. Privacy and security issues in cloud computing. Journal of Global Research in Computer Science, 4 (9): 15-21.

Sohn S D, Seong P H. 2004. Quantitative evaluation of safety critical software testability based on fault tree analysis and entropy. The Journal of Systems and Software, 73 (2): 351-360.

Sotomayor B, Keahey K, Foster I, et al. 2007. Enabling cost-effective resource leases with virtual machines. Proc of IEEE International Symposium on High Performance Distributed Computing, 2007.

Subashini S, Kavitha V. 2011. A survey on security issues in service delivery models of cloud computing. Journal of Network and Computer Applications, 34 (1): 1-11.

Sun D, Chang D, Sun L, et al. 2011. Surveying and analyzing security, privacy and trust issues in cloud computing environments. Procedia Engineering—Advanced in Control Engineering and Information Science, 15 (1): 2852-2856.

Tanimoto S, Hiramoto M, Iwashita M, et al. 2011. Risk management on the security problem in cloud computing. 2011 First ACIS/JNU International Conference on Computers, Networks, Systems, and Industrial Engineering, 51: 147-152.

Van H N, Menaud J M. 2009. SLA-aware virtual resource management for cloud infrastructures. Proc of the 9th IEEE International Conference on Computer and Information Technology, 1: 357-364.

Ward B T, Sipior J C. 2010. The internet jurisdiction risk of cloud computing. Information Systems Management, 27 (4): 334-339.

Willett A H. 1951. The Economic Theory of Risk and Insurance. Philadelphia: University of Pennsylvania Press.

Wu J Z, Zhang Q. 2011. Multicriteria decision making method based on intuitionistic fuzzy weighted entropy. Expert Systems with Applications, 38 (1): 916-922.

Wyld D C. 2010. Risk in the clouds?: Security issues facing government use of cloud computing, in innovations in computing sciences and software engineering. 5973 (1): 7-12.

Yu Z W, Ji Z Y. 2012. A survey on the evolution of risk evaluation for information systems security. Energy Procedia, 17 (17): 1288-1294.

Zhou W, Yang S, Fang J, et al. 2010. VMCTune: a load balancing scheme for virtual machine cluster based on dynamic resource allocation. Proc of the 9th IEEE International Conference on Grid and Cloud Computing, 81-86.